MCP开发

开发

·从入门到实战·

杨威理 著

人民邮电出版社

北京

图书在版编目（CIP）数据

MCP 开发从入门到实战 / 杨威理著. -- 北京 ：人民
邮电出版社，2025. -- ISBN 978-7-115-67414-2

Ⅰ. TP18

中国国家版本馆 CIP 数据核字第 20257ZX352 号

内 容 提 要

在当今人工智能（Artificial Intelligence，AI）快速发展的时代，AI 应用开发成为了科技领域的热门
话题。模型上下文协议（Model Context Protocol，MCP）作为一项前沿技术，为开发者在构建和管理基
于大语言模型的应用程序方面提供了强大的助力，能够有效提升开发效率和应用性能，成为推动 AI 应
用进一步拓展的关键因素。

本书旨在为读者提供一份关于 MCP 的实用指南，帮助读者顺利打通从 MCP 基础知识到高级应用的
完整学习路径。本书共 8 章。第 1 章介绍 MCP 的定义、核心特点与优势、技术架构、发展历程及应用
场景。第 2 章介绍 MCP 的核心架构、资源、提示词、工具、采样和根目录等基础知识。第 3 章介绍 MCP
SDK 的发展历程、核心价值、多语言生态及快速入门的方法。第 4 章介绍如何围绕 Claude 桌面应用配
置 MCP 服务器，包括基础配置、服务器配置实例和常见问题排查。第 5 章介绍 MCP 服务器开发，并以
天气预报 MCP 服务器为例讲解开发流程。第 6 章深入探讨 MCP Inspector 工具的使用方法、核心功能及
最佳实践。第 7 章介绍 MCP 生态系统，包括宿主应用、领域应用、开发者工具与服务，以及 MCP 广场。
第 8 章分享了 MCP 在高效软件开发和创意内容生成方面的应用实践。

本书适合软件开发和人工智能领域的工程师与产品经理，以及对 AI 应用开发感兴趣的技术爱好者、
高校师生参考学习。

◆ 著　杨威理

责任编辑　胡俊英

责任印制　焦志炜

◆ 人民邮电出版社出版发行　　北京市丰台区成寿寺路 11 号

邮编 100164　电子邮件 315@ptpress.com.cn

网址 https://www.ptpress.com.cn

北京七彩京通数码快印有限公司印刷

◆ 开本：800×1000　1/16

印张：13.5　　　　　　　　　2025 年 7 月第 1 版

字数：293 千字　　　　　　　2025 年 9 月北京第 2 次印刷

定价：85.80 元

读者服务热线：(010)81055410　印装质量热线：(010)81055316
反盗版热线：(010)81055315

作者简介

杨威理是一位深耕人工智能领域的技术极客与内容创作者。作为前 Nokia 高级软件工程师，他凭借自身技术优势在 AI 技术爆发初期成功转型为自媒体人，致力于 AI 技术的普及与应用。

自 ChatGPT 问世以来，杨威理致力于将复杂的 AI 技术转化为通俗易懂的内容，推动 AI 技术在更广泛领域的应用与发展。他不仅是 B 站（即 bilibili）频道"五里墩茶社"的 UP 主，还是微信公众号"01 麻瓜社"的主理人。他通过视频和文字两种形式分享了与 AI 相关的大量内容，先后推出了"LangChain 极简入门"和"MCP 极简入门"等系列课程，帮助更多的人理解和掌握 AI 技术。

此外，杨威理开发了开源项目 chat-ollama（一款基于 LangChain 的 AI 聊天应用）。该应用支持主流的开源、闭源大模型，并整合了知识库功能，为用户提供了更加智能、便捷的 AI 交互体验。

前言

模型上下文协议（Model Context Protocol，MCP）是一项革命性的技术，它为开发者提供了强大的工具和标准化接口，使他们能够更高效地构建和管理基于大型语言模型的应用程序。本书旨在提供 MCP 领域的权威指南，帮助读者快速掌握 MCP 开发技巧。

本书采用循序渐进的结构设计，从 MCP 基础知识到高级应用，逐步引导读者深入理解 MCP 的工作原理与实现方法。无论你是首次接触 MCP 的初学者，还是希望提升技能的有经验的开发者，都能从本书中获得实用且深入的学习指导。

本书各章围绕特定主题展开，从 MCP 的基本概念到实际应用案例，读者可以根据自己的需求和兴趣选择性地阅读相关内容。本书涵盖大量的应用实例和详细的实现步骤，通过学习本书，读者不仅能掌握 MCP 的核心技术，还能在真实业务场景中灵活运用，打造更加智能、高效的 AI 应用。

本书共 8 章，每章内容大致如下。

- 第 1 章介绍了 MCP 的定义、核心特点与优势、技术架构、发展历程及应用场景。
- 第 2 章讲解了 MCP 的核心架构、资源、提示词、工具、采样和根目录等基础知识。
- 第 3 章介绍 MCP SDK 的发展历程、核心价值、多语言生态及快速入门方法。
- 第 4 章围绕 Claude 桌面应用配置 MCP 服务器，包括基础配置、MCP 服务器配置实例和常见问题排查。
- 第 5 章面向 MCP 服务器开发，介绍相关的基础知识，并以天气预报 MCP 服务器为例讲解开发流程。
- 第 6 章深入探讨 MCP Inspector 工具的使用方法、核心功能及最佳实践。
- 第 7 章聚焦于 MCP 生态系统，包括宿主应用、领域应用、开发者工具与服务，以及 MCP 广场。
- 第 8 章分享了 MCP 在高效软件开发和创意内容生成中的应用实践。

本书目的与价值

本书旨在提供全面、系统的 MCP 学习资源，帮助读者快速掌握 MCP 这一强大工具的使用方法。具体来讲，本书致力于：

- 提供 MCP 技术的完整概述，包括其架构、组件和工作原理；
- 详细介绍 MCP SDK 的使用方法，帮助读者快速上手；
- 探讨 MCP 在各种应用场景中的实际应用，提供可复制的解决方案；
- 分享 MCP 开发的最佳实践和优化策略，帮助读者构建高质量的应用。

通过阅读本书，读者将获得扎实的 MCP 技术基础，掌握灵活应用这些知识解决实际问题的能力，以便在 AI 应用开发领域持续创新。

目标读者画像

本书适合以下读者群体。

- 软件开发者：希望利用 MCP 构建智能应用或参与 MCP 开发和完善的开发人员，包括前端、后端、全栈工程师和开源贡献者。
- AI 工程师：需要深入了解如何有效集成和优化 LLM（大语言模型）应用的技术人员。
- 产品经理：需要全面评估 MCP 技术潜力和应用场景的产品负责人。
- 技术爱好者：渴望掌握前沿 AI 应用开发技术的自学者。
- 教育工作者：在 AI 和软件开发领域从事教学与研究工作的相关人员。
- 学生：希望拓展 AI 应用开发能力的在校学生。

如何使用本书

为了获得最佳的学习效果，我们建议读者按照以下方式使用本书。

- 基础学习：如果你是 MCP 初学者，建议从第 1 章开始，按顺序阅读，以构建完整的技术知识体系。
- 针对性学习：如果你已有一定基础，可以直接阅读感兴趣的章节。
- 实践结合：在阅读过程中，最好能跟随书中的示例进行实践操作，以便加深理解，巩固技能。
- 参考使用：在实际开发过程中，读者可以直接跳转到相关章节查阅所需信息。

本书中的代码示例和案例研究都经过精心设计，旨在展示 MCP 的实际应用案例，读者可据此进行动手实践，并根据自己的需求进行适当调整。

资源获取

本书配有丰富的下载资源，读者可以扫描旁边的二维码，根据指引领取。如需输入"配套资源验证码"，请在本书 87 页底部或电子书最后一页查看。

致谢

本书的完成离不开众人的帮助与支持。首先，我要衷心感谢我的家人，是你们无条件的理解与鼓励，给了我创作的时间与空间，你们温暖的陪伴是我坚持不懈的动力源泉。

感谢 B 站上所有关注和支持我的粉丝朋友，正是你们的热情反馈和鼓励，让我有了不断学习、持续分享的动力。每一条评论、每一次点赞都给了我莫大的激励。

特别感谢王树义老师和魔云兽老师的支持。感谢人民邮电出版社编辑团队的专业建议，以及在整个出版过程中的耐心指导，使这本书得以顺利地呈现在读者面前。希望本书能够为读者提供切实有效的帮助。

目 录

第 1 章　认识 MCP

第 2 章　MCP 的基础概念

第 3 章　MCP SDK

第 4 章　基于 Claude 桌面应用配置 MCP 服务器

第 5 章　MCP 服务器开发指南

第 6 章 MCP Inspector 工具的使用

第 7 章 MCP 生态系统

第 8 章   MCP 应用实践

第 1 章

认识 MCP

1.1 MCP 简介

在当今人工智能快速发展的时代，新的技术和协议不断涌现，其中模型上下文协议（Model Context Protocol，MCP）作为一项革命性的创新，正在改变大语言模型与外部世界的交互方式。本节将介绍 MCP 的基本概念、技术特性及其架构设计，帮助读者全面了解这一重要协议。

1.1.1 什么是 MCP

MCP 是一款由 Anthropic 公司推出的开源协议，旨在改变大语言模型（Large Language Model，LLM）与外部世界的交互方式。MCP 提供了一种标准化的方法，使 LLM 能够连接多样化数据源，灵活集成各类工具，从而实现无缝的访问和信息处理。

1.1.1.1 类比微信小程序来理解 MCP

为了更直观地理解 MCP 的应用价值，我们可以借鉴微信小程序的发展历程作为类比。

1. 标准化前的困境

在小程序开发标准出现前，微信就像一扇戒备森严的大门，唯一的钥匙由微信团队掌控。如果肯德基希望开通微信点餐服务，必须等待微信的工程师从头开发专属解决方案——编写定制化代码、进行系统测试、最终上线运营。如果美团想要接入，则需要重复这一冗长流程。面对为数众多的企业需求，有限的平台开发资源显得捉襟见肘，就像在单行道上排起长队的车流，不可避免地造成严重拥堵。

同样，在大模型应用开发领域，团队也面临相似的困境。一个开发团队可能花费一个月时间，才能完成一个包含基础功能（如查询天气、预订餐厅和发送邮件）的产品，这种低效的开发模式严重制约了产品功能的丰富性和创新速度。

2. 标准化后的突破

微信通过制定小程序开发标准，彻底改变了这一局面，这一标准就像为所有开发者提供了一本详尽的"操作手册"："你们按照这本指南做，做好后就能直接放到微信里给用户用，无需微信团队介入。"这相当于微信将"钥匙"分发给了整个开发生态，使开发者能自主开启创新之门。于是，成千上万的开发者同时为微信创建各种服务：从 12306 到高德打车，从大众点评到百度网盘……几乎在一夜之间，微信就蜕变成一个功能完备的"超级应用"平台。

同样的变革正在 AI 领域上演。通过 MCP 标准化协议，银行、电商公司、航空公司等服务提供商只需开发维护单一标准化接口，即可即时调用所有兼容 MCP 的 AI 应用，彻底解决了重复开发造成的资源浪费问题。例如：

- 银行可以开发 MCP 服务，让 AI 助手查询你的账户余额；
- 电商公司可以开发 MCP 服务，让 AI 助手帮你搜索和对比产品；
- 航空公司可以开发 MCP 服务，让 AI 助手帮你查询和预订航班。

1.1.1.2　MCP 的本质与价值

MCP 可以被形象地比喻为 AI 应用领域的 USB-C 接口。就像 USB-C 为电子设备提供了标准化的连接方式一样，MCP 为 AI 模型建立了与外部世界交互的通用协议。这种标准化的连接方式使 LLM 能够更加灵活地接入各类数据源和工具，大大扩展了 LLM 的能力边界。

在我们的日常生活中，USB-C 接口让我们能够轻松地连接各种电子设备，无需为不同电子设备准备不同的连接线。同样地，在 AI 应用领域，MCP 让开发者能够轻松地将 LLM 连接到各种数据源和工具，无需为每个数据源或工具开发定制接口。这种统一性不仅提高了开发效率，还加快了创新速度。

在实际应用中，MCP 具备以下功能：

- 将 LLM 连接到本地文件系统、数据库和其他资源；
- 通过 LLM 调用各种工具和 API 服务；
- 构建复杂的 AI 代理和工作流程；
- 在保障数据安全的前提下增强 LLM 的功能。

这些功能看似简单，却蕴含着巨大的潜力。它们共同构成了一个开放、高效的 AI 生态系统，使 LLM 真正成为我们工作和生活中的得力助手。

1.1.2　核心特点与优势

MCP 的出现为 AI 应用及 AI 服务供应商带来了前所未有的体验。让我们一起来看看它究竟有哪些特点与优势。

1.1.2.1　标准化接口

想象一下，如果世界上每个国家和地区都使用不同的电源插座，旅行者需要携带数十种转换器才能确保电子设备正常工作。在 MCP 出现之前，AI 领域各种系统间存在严重的交互障碍。

MCP 提供了一套标准化的接口，如同电气领域的国际通用标准，使不同的 LLM 和应用程序可以通过相同的方式访问各种资源和工具。MCP 就像是一种通用"语言"，大大降低了集成复杂度。开发者只需专注于构建服务，创造价值，无须考虑连接适配问题。通过这种标准化，MCP 实现了真正的"一次开发，全平台通用"的愿景。

1.1.2.2 安全性与隐私保护

在数字时代，个人数据、隐私数据的安全一直是数字化产品的关键特性之一。MCP 提供了创新的隐私保护方案，使敏感数据可以安全地保留在本地或受控环境中，避免向第三方服务暴露关键信息。这种设计特别适合金融、医疗等处理敏感信息的行业和组织，让他们能够在享受 AI 能力的同时确保数据安全，不必担心数据泄露的风险。

1.1.2.3 灵活的扩展性

MCP 采用乐高式的模块化设计，支持多样化资源类型和工具，允许根据需要扩展功能模块。这种灵活性使开发者可以创建自定义的 MCP 服务器（MCP Server），以提供特定的功能和访问特定的资源，适配特定业务场景需求。

无论是连接到企业内部系统，还是集成第三方服务，MCP 都能够轻松应对。这种扩展性不仅能够满足当前需求，还为未来的创新开拓了广阔空间，使 MCP 能够随着技术发展不断进化。

1.1.2.4 开源生态系统

作为开源协议，MCP 意味着透明、可信和持续创新。MCP 正在形成一个活跃的开发者社区，开发者共同参与、贡献代码、分享经验、解决问题，形成良性创新循环。这种开源模式极大地提升了 MCP 生态系统的发展速度，持续为用户提供最优解决方案。

1.1.2.5 缩短开发时间

MCP 通过提供标准化的集成模式，显著减少了开发时间，使开发者能够更快地将创意转化为产品。开发者不再需要为每个数据源或工具创建独特的连接，可以利用 MCP 框架构建可复用的集成，大大提高了开发效率。这种效率的提升不仅有利于大型企业，也为小型团队和个人开发者创造了更多机会。

1.1.2.6 模块化的软件架构

MCP 采用了清晰的架构设计，将数据访问（资源）和计算逻辑（工具）清晰划分，使系统更加易于维护。这种设计理念使开发者更容易理解和使用 MCP，也提高了系统的可靠性和可扩展性。这种模块化架构能够有效降低项目复杂度，帮助团队更好地协作，提升开发质量。

通过这些核心特点和优势，MCP 正在重塑 AI 应用开发范式，为开发者和用户创造更多可能性。无论是构建企业级应用还是个人项目，MCP 都能提供强大的支持，使 AI 的力量真正为人所用。

1.1.3 技术架构概览

MCP 采用客户端 – 服务器架构，这是一种经典、高效的设计模式，也是大多数软件系统广泛采用的架构。该架构包含以下组件。

• **MCP 宿主**：宿主应用程序包含 MCP 客户端组件，使用 MCP 连接各种资源的应用程序，例如 AI 助手（如 Claude 桌面应用）、开发环境（如 Cursor、Cline）和专门的 AI 工具。

• **MCP 客户端**：作为宿主内部的核心组件，MCP 客户端负责与各个服务器建立直接初始化连接，并保持 1 : 1 的连接关系，发送请求和接收响应，确保信息的顺畅流通。

• **MCP 服务器**：服务器通过 MCP 框架提供独特的功能和服务。这些服务器可以访问本地和远程资源，如文件系统、数据库或 Web API，使 LLM 能够通过标准化接口访问这些资源并进行相关操作。

MCP 的典型工作流程如图 1-1 所示。

（1）宿主应用程序（如 Claude 桌面应用）通过 MCP 客户端连接到一个或多个 MCP 服务器。

（2）用户与宿主应用程序交互，提出需要访问外部资源或工具的请求。

（3）MCP 客户端通过 LLM 推理，选定需要访问的 MCP 服务器，并向其发送请求。

（4）MCP 服务器处理请求，访问所需的资源或执行相关操作。

（5）MCP 服务器将结果返回给 MCP 客户端。

MCP 客户端使用返回的信息生成响应，并呈现给用户。

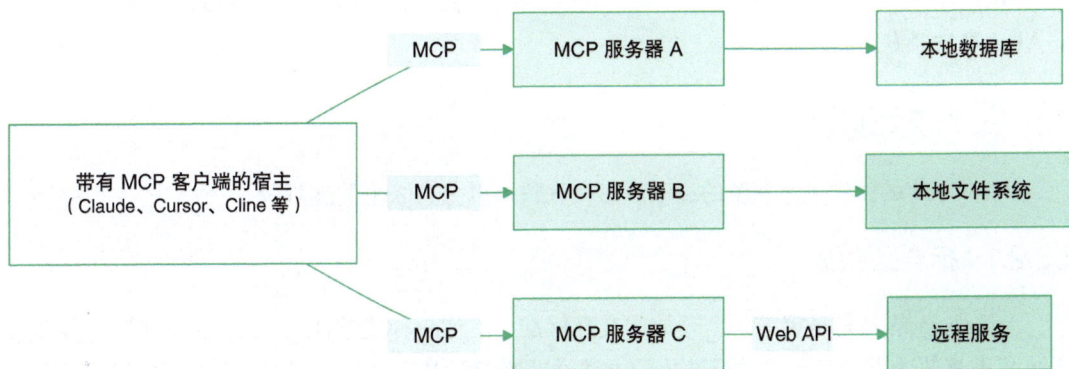

图 1-1

这种架构设计使 LLM 能够安全、高效地访问各种资源和工具，从而提供更加智能和实用化服务。MCP 的架构为 AI 应用创造了一个高效、安全的运行环境。

1.2 MCP 的发展历程

了解一项技术的发展历程对于把握其价值至关重要。我们一起来回顾 MCP 的起源与发展过程，以及关键里程碑。

1.2.1 项目背景与起源

MCP 的诞生源于人工智能领域一个关键性挑战。

在信息爆炸的时代，我们拥有强大的大语言模型。然而，大语言模型存在固有局限——知识更新滞后（存在截止日期），无法感知最新信息，缺乏外部系统对接能力。MCP 正是为解决这些根本性问题而设计，致力于打破 LLM 的封闭状态，构建开放、标准的交互生态。

在 MCP 出现之前，开发者们不得不为每个 LLM 和每种资源类型开发定制化集成方案。多种数据和工具的集成过程耗时费力，且难以维护和扩展。更糟糕的是，这些定制化集成方案缺乏统一的标准，导致不同系统之间难以互通有无，形成了一个个信息孤岛。

正是在这样的背景下，Anthropic 公司意识到，如果能够定义一个开放的交互标准，使 LLM 能够以一种标准化、安全和可扩展的方式与外部世界交互，将会为整个 AI 行业带来革命性的变化。这一愿景最终催生了 MCP。

就像互联网协议（Internet Protocol，IP）统一了网络通信标准，USB 标准化了设备连接一样，MCP 为 AI 与外部世界的交互定义了一种通用语言。这不仅是一个技术问题，更是一个关乎 AI 未来发展方向的战略决策。

1.2.2 技术演进路线

从 MCP 的诞生到生态系统的逐渐成形，大致可以分为 3 个关键阶段。

1.2.2.1 标准化阶段

Anthropic 的愿景是定义一个开放的交互标准，就像一种能够让 AI 助手安全连接到各种数据源和工具的通用语言。这种标准化的方法并非简单的技术统一，而是对 AI 与外部世界交互方式的根本性重新定义，从而系统地提高 AI 生态系统的运行效率。

在这个阶段，MCP 的设计者们不仅发布了协议规范，Anthropic 还在第一时间将 MCP 集成至 Claude 桌面应用，为 MCP 开发者奠定了相关应用开发的范式。

1.2.2.2 开源发展阶段

MCP 的开源模式使其释放出无尽的创造力。开源社区的开发者们带着各自的经验和想法，参与到 MCP 的开发中。他们贡献代码，提出建议，发现问题，共同推动 MCP 的完善和进化。

在开源的土壤中，MCP 不再仅仅是 Anthropic 一家公司的产品，而是蜕变为 AI 社区资产。MCP GitHub 账号下的 servers 代码仓库维护的 MCP 服务器列表快速增长，解决方案覆盖众多行业场景。

1.2.2.3　生态系统构建阶段

随着 MCP 的发布和推广，Anthropic 公司并没有止步于技术本身，而是着眼于构建一个繁荣的生态系统。在这个阶段，Anthropic 公司积极推动多语言 SDK 的开发，为不同背景的开发者提供了便捷的工具。他们还提供了预构建的服务器和完善的文档体系，降低了 MCP 的开发与使用门槛，使更多人能够轻松地接入这个生态系统。

MCP 生态建设实现了多维度突破，不仅仅是技术的扩展，更是促进了技术共识的形成。它鼓励创新，促进合作，形成了良性循环的发展环境。随着开源社区的推动，MCP 被越来越多的个人、团队、企业所认可，各大知名互联网服务供应商相继接入 MCP 相关服务。MCP 开始商业化落地。

通过这 3 个阶段的发展，MCP 从一个概念性的想法逐渐成长为一个成熟的技术标准和生态系统。这个过程既体现了 Anthropic 公司的战略眼光，也展示了开源社区的强大力量。而这仅仅是开始，随着 AI 技术的不断发展和应用场景的不断拓展，MCP 或许还将继续进化升级。

1.2.3　重要里程碑

在每一项技术的发展历程中，总有一些值得记住的时刻与事件。让我们一起回顾一些关键的时刻与事件，感受 MCP 从构想到现实的历程。

1.2.3.1　MCP 的正式发布

2024 年 11 月 25 日，Anthropic 公司正式向世界开源发布了 Model Context Protocol（MCP），将 MCP 定位为连接 AI 助手与数据源的新标准，重新定义了未来 AI 应用的开发模式。MCP 的发布标志着 AI 应用从封闭系统向开放生态的历史性转变。

1.2.3.2　早期建设者的参与

在 MCP 发布之初，就有一批具有前瞻眼光的公司迅速响应。Block 和 Apollo 等公司率先将 MCP 集成到他们的系统中，成为了 MCP 生态系统的早期建设者。

与此同时，Zed、Replit、Codeium、JetBrain 和 Sourcegraph 等开发工具公司也开始与 MCP 合作，将这一技术集成到他们的平台，为开发者提供更强大的工具和体验。Cloudflare 发布 MCP 服务器，提供云端管理功能。Stripe 发布 MCP 服务器，提供支付业务解决方案。这些早期实践者在各个领域对 MCP 的应用，创造了多个行业应用范式，使其影响力迅速扩大。

语言的差异往往是技术推广的一大障碍。为了让更多开发者能够轻松使用 MCP，Anthropic 公司推出了多种编程语言的 SDK 支持。这就像是为 MCP 配备了多种语言的翻译官，使不同背景的开发者都能够用自己熟悉的语言来开发 MCP 应用。

这一举措大大降低了开发者使用 MCP 的门槛，使更多开发者能够快速上手，探索 MCP 的无限可能性。无论是 Python 爱好者、JavaScript 专家，还是 Java 语言开发者，都能够在 MCP 的世界中找到自己的位置。目前 Anthropic 官方已经发布 Python、TypeScript、Java、Kotlin 编程语言的 SDK。开发者社区也在积极开发更多编程语言 SDK。目前 Go 语言 SDK 也由开源贡献者提供，详见 GitHub 网站。

1.2.3.3　Claude 桌面应用的集成

技术的价值最终要通过实际应用来体现。Claude 桌面应用成为首批支持 MCP 的应用之一，这是 MCP 从理论走向实践的重要一步。

Claude 桌面应用成为 MCP 技术的最佳展示平台，完成了从协议到产品的实战检验，直观展示了 MCP 的功能扩展性和操作便捷性等核心优势，如同概念车量产上市，使终端用户亲身体验到技术革新。

1.2.3.4　开发者社区的形成

随着 MCP 的推广和应用，一个活跃的开发者社区逐渐形成。社区不断发布新的 MCP 服务器、MCP 客户端，以及各类优秀的 MCP 产品聚合平台，辅助开发平台，最佳实践被广泛分享，使 MCP 以惊人的速度发展和完善。

MCP 官方 GitHub 账号通过 servers 代码仓库维护 MCP 服务器列表。我们可以看到服务器集合快速增长，涵盖了从基础设施到专业领域的广泛应用。其中知名服务与产品的服务器如 GitHub、Google Drive、PostgreSQL 和 Slack 等提供了强大的基础功能，Cloudflare、ClickHouse、Apify 和 Exa 等知名企业则贡献了官方集成方案，使 AI 能够与这些平台无缝协作。特别值得一提的是，Chroma 的向量数据库集成、Firecrawl 的网络数据提取方案和 AgentQL 的非结构化数据处理功能都极大地扩展了 MCP 的应用场景，为 AI 应用开发者提供了丰富的工具和可能性。

这些里程碑共同构成了 MCP 发展的坐标系，随着技术的不断发展和应用场景的不断拓展，MCP 生态必将迎来更加广阔的发展空间。

1.3　MCP 的应用场景

技术的真正价值在于解决实际问题。本节将探讨 MCP 在各种场景中的应用，从企业到个人，从开发者到终端用户，展示其广泛的适用性和实用价值。

1.3.1　企业应用场景：数字化转型

在企业的数字化转型浪潮中，MCP 将驱动企业向着更加智能、高效的方向前进。

1.3.1.1　数据分析与可视化

我们可以想象一个销售经理只需要用自然语言直接询问"上个季度哪些产品的销售增长最快"，AI 就能够自动连接数据库，分析销售数据，生成一份包含可视化图表和关键洞察的报告。

1.3.1.2　客户服务自动化

传统的客服系统往往面临效率低下、响应慢、体验差等问题。使用 MCP 连接 CRM 系统和知识库，企业可以构建智能客服机器人。这些智能客服不仅能够回答常见问题，还能够理解客户的意图，访问客户的历史对话记录，执行相关操作，如查询订单状态、处理退款请求或者预约服务。在 MCP 的支持下，企业能够快速实现自动化客服系统的搭建，并确保系统的高度灵活性与可扩展性。

1.3.1.3　内部知识管理

在 AI 时代，知识库是企业降本增效不可或缺的工具。通过 MCP 连接企业知识库和内部系统，企业可以构建智能知识助手。智能助手将重新定义员工获取信息的模式，只需要用自然语言提问，即可获得准确、全面的答案。无论是新员工培训、项目文档检索，还是最佳实践分享，智能知识助手都能够提供及时的支持，大大提高了知识的可访问性和利用率。

1.3.1.4　流程自动化

在企业的日常运营中，有大量的流程和任务是重复性的，既耗时又容易出错。使用 MCP 连接工作流系统和业务工具，企业可以实现流程的自动化。从简单的数据录入、文档生成，到复杂的审批流程、跨部门协作，这些自动化流程能够无缝地连接各个系统和工具，确保信息的准确传递和任务的及时完成。这不仅提高了工作效率，减少了错误，还释放了员工的时间和精力，让他们能够专注于更有创造性和价值的工作。

1.3.2　开发者场景

对于开发者而言，MCP 提供了一个强大而灵活的工具集，使他们能够更容易地构建智能应用和服务。本节将探讨 MCP 如何赋能开发者，推动创新。

1.3.2.1　智能编程助手

编程是一门艺术，也是一项挑战。通过 MCP 连接代码库、文档和开发工具，开发者可以构建智能编程助手。这些智能助手不仅能够提供代码建议、解析函数逻辑、查找文档，还能够理解项目的上下文，生成符合项目风格和需求的代码。在 MCP 的支持下，开发者的集成开发环境将不再是简单的代码编辑器、调试器，它将是一个更加强大的智能开发平台。想象一下，一个集成了网络爬取引擎、知识库服务、文件可视化系统、智能搜索能力的集成开发环境，会是何其强大？开发者不再需要在浏览器、数据库、文档工具，以及集成开发环境之间切换，仅仅利用智能开发平台即可完成所有工作。

1.3.2.2　API 集成

在现代软件开发中，API 就像是不同系统之间的桥梁，连接着各种服务和功能。使用 MCP 连接各种 API 和服务，开发者可以构建无缝的集成解决方案，将不同的系统和服务组合成一个有机的整体。

无论是支付处理、地图服务、社交平台，还是天气数据获取，这些集成都变得更加简单和直观。开发者不再需要深入研究每个 API 的文档和细节，而是可以用自然语言描述业务需求，通过 AI 自动处理底层通信细节，大大加速了开发过程。

1.3.2.3　自动化测试

软件质量是开发过程中的重中之重，而测试是确保质量的关键环节。通过 MCP 连接测试工具和环境，开发者可以构建自动化测试系统，自动化地完成智能检查，保障软件系统的正常开发与运行。

这些自动化测试系统不仅能够自动生成测试用例，还能够执行测试、分析测试结果、报告问题，甚至提出修复建议。它们覆盖了单元测试、集成测试、性能测试等各个层面，确保软件在各种情况下都能够正常运行，大大提高了软件的可靠性和稳定性。

1.3.2.4　文档生成

优质的文档是软件项目成功的重要因素，但文档编写往往会加重开发者的工作负担。使用 MCP 连接代码库和文档系统，开发者可以构建自动文档生成工具，实现自动分析代码结构、提取注释、理解函数的用途和参数，生成清晰、准确的文档。无论是 API 文档、用户手册，还是开发指南，它们都能够保持与代码同步更新，确保文档的及时性和准确性。这不仅减轻了开发者的负担，还大幅提升了项目的可维护性。在 AI 时代，文档的读者将不仅仅是人类，还有 LLM。

1.3.2.5　原型开发

从创意到产品，原型是必不可少的一步。通过 MCP 快速集成各种组件和服务，开发者可以构建高保真的功能原型，它不仅能够完整地展示界面和交互，还能够实现真实的数据流处理功能，提供接近成品的用户体验。这种快速、高质量的原型开发不仅加速了产品验证和迭代周期，还降低了开发风险，增加了产品成功的可能性。

1.4　本章小结

本章介绍了 MCP 的基本概念、技术特点及其架构。通过学习这些知识和技能，开发者可以开发出功能强大、性能优异、可靠稳定的 MCP 服务，为 LLM 提供更丰富的应用场景。MCP 的出现不仅提高了开发效率，还促进了应用创新，使 LLM 能够真正成为我们工作和生活中的得力助手，而不仅仅是一个封闭的对话系统。

2 第 2 章
MCP 的基础概念

通过第 1 章的学习，相信读者已经对 MCP 有了初步的认识，了解了 MCP 的定义、特点、发展历程和应用场景。本章将带领读者更深入地探索 MCP 的基础概念，包括其核心架构、资源、提示词、工具、采样、根目录。这些概念构成了 MCP 的基础框架，理解它们对于高效地使用 MCP 实现应用开发至关重要。

2.1 MCP 核心架构

MCP 遵循客户端 – 服务器架构，其中宿主应用程序可以连接多个服务器，如图 2-1 所示。架构中的每一个组件都在 LLM 与外部资源交互过程中扮演着特定角色。

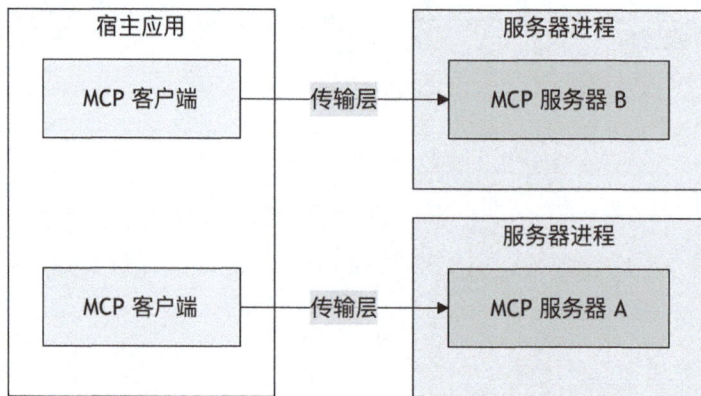

```
┌──────────────────────┐              ┌──────────────────────────┐
│       宿主应用        │              │        服务器进程         │
│  ┌────────────────┐  │   传输层      │  ┌────────────────────┐  │
│  │   MCP 客户端    │──┼──────────────┼─▶│    MCP 服务器 B     │  │
│  └────────────────┘  │              │  └────────────────────┘  │
│                      │              └──────────────────────────┘
│                      │
│                      │              ┌──────────────────────────┐
│                      │              │        服务器进程         │
│  ┌────────────────┐  │   传输层      │  ┌────────────────────┐  │
│  │   MCP 客户端    │──┼──────────────┼─▶│    MCP 服务器 A     │  │
│  └────────────────┘  │              │  └────────────────────┘  │
└──────────────────────┘              └──────────────────────────┘
```

图 2-1

2.1.1 核心组件

MCP 建立在灵活、可扩展的架构之上，旨在实现 LLM 应用程序与集成之间的无缝通信。该架构中的元素大致主要分为 3 个核心角色——MCP 宿主、MCP 服务器和 MCP 客户端。

• MCP 宿主：使用 MCP 连接各种资源的 LLM 应用程序（如 Claude 桌面应用、Cursor、Windsurf 集成开发环境）。

• MCP 服务器：基于 MCP 暴露特定功能的轻量级程序。

• MCP 客户端：宿主内部的必要组件，负责与单个 MCP 服务器维持一对一的连接。

MCP 架构由 3 个紧密相关的核心组件（协议层、传输层和消息类型）构成。这三大组件共同构建了一个完整的通信框架，每个组件都扮演着不可或缺的角色，确保客户端和服务器之间的高效、可靠通信。

协议层（Protocol Layer）相当于 MCP 的"大脑"，负责处理消息的框架结构、请求 / 响应的关联，以及高级通信模式。它定义了如何组织和解释消息，确保双方能够理解彼此的意图。

传输层（Transport Layer）相当于 MCP 的"神经系统"，负责客户端和服务器之间的数据传输。MCP 支持多种传输机制，包括适用于本地进程的标准输入 / 输出（Stdio）传输，以及利用服务器发送事件（SSE）和 HTTP POST 的网络传输。所有传输方式都使用 JSON-RPC 2.0

作为消息交换格式，提供了标准化的通信基础。

协议消息类型（Message Types） 相当于 MCP 的 "语言"，定义了通信双方如何表达不同类型的意图和信息。协议消息类型代表数据结构，是系统交互的基本单位。

2.1.1.1　协议层

协议层（Protocol Layer）是 MCP 架构的高级逻辑层，负责处理消息封装、请求与响应的关联，以及通信模式的定义与实现。协议层提供了客户端和服务器交互的核心功能和接口。

我们可以将协议层划分为以下关键组件。

- Protocol：定义了 MCP 的基本通信协议，包括消息的结构、格式和处理方式。
- Client：实现了客户端逻辑，管理与服务器的通信，发送请求并处理响应。
- Server：实现了服务器逻辑，接收客户端请求，执行相应的处理，并返回结果。

MCP TypeScript SDK 对这些组件做了良好的抽象，我们来看看具体的核心代码片段。

Protocol 核心代码片段如下。

```
/**
 * Implements MCP protocol framing on top of a pluggable transport, including
 * features like request/response linking, notifications, and progress.
 */
export abstract class Protocol<
  SendRequestT extends Request,
  SendNotificationT extends Notification,
  SendResultT extends Result,
> {
  private _transport?: Transport;
  private _requestMessageId = 0;
  private _requestHandlers: Map<
    string,
    (
      request: JSONRPCRequest,
      extra: RequestHandlerExtra,
    ) => Promise<SendResultT>
  > = new Map();
  private _requestHandlerAbortControllers: Map<RequestId, AbortController> =
    new Map();
  private _notificationHandlers: Map<
    string,
    (notification: JSONRPCNotification) => Promise<void>
  > = new Map();
  private _responseHandlers: Map<
    number,
    (response: JSONRPCResponse | Error) => void
```

```
> = new Map();
  private _progressHandlers: Map<number, ProgressCallback> = new Map();
  private _timeoutInfo: Map<number, TimeoutInfo> = new Map();
```

Client 核心代码片段如下。

```
export class Client<
  RequestT extends Request = Request,
  NotificationT extends Notification = Notification,
  ResultT extends Result = Result,
> extends Protocol<
  ClientRequest | RequestT,
  ClientNotification | NotificationT,
  ClientResult | ResultT
> {
  private _serverCapabilities?: ServerCapabilities;
  private _serverVersion?: Implementation;
  private _capabilities: ClientCapabilities;
  private _instructions?: string;
```

Server 核心代码片段如下。

```
export class Server<
  RequestT extends Request = Request,
  NotificationT extends Notification = Notification,
  ResultT extends Result = Result,
> extends Protocol<
  ServerRequest | RequestT,
  ServerNotification | NotificationT,
  ServerResult | ResultT
> {
  private _clientCapabilities?: ClientCapabilities;
  private _clientVersion?: Implementation;
  private _capabilities: ServerCapabilities;
  private _instructions?: string;
```

协议层还用于实现错误管理、资源保护和安全验证等重要功能，确保 MCP 通信的可靠性和安全性。

2.1.1.2 传输层

传输层（Transport Layer）在 MCP 中提供了客户端和服务器之间通信的基础，定义并实现了消息发送和接收的底层机制。接下来介绍传输层的消息格式和传输机制。

1. 消息格式

MCP 使用 JSON-RPC 2.0 作为其通信格式。传输层负责将 MCP 消息转换为 JSON-RPC 格式进行传输，并将接收到的 JSON-RPC 消息转换回 MCP 消息。MCP 使用 3 种类型的 JSON-

RPC 消息，分别是请求（Request）、响应（Response）和通知（Notification）。

请求从一方发送到另一方，可以从客户端发送到服务器，也可以从服务器发送到客户端。请求主要包括以下元素：

- 唯一 ID；
- 方法名；
- 可选参数。

请求格式如下：

```
{
  jsonrpc: "2.0",
  id: number | string,
  method: string,
  params?: object
}
```

响应作为对请求的回复发送，其主要元素包括：

- 与请求相同的 ID；
- 请求处理结果；
- 错误信息。

在响应数据中，分别用 result 与 error 字段表示请求处理的结果，以及异常情况下的错误信息。格式如下：

```
{
  jsonrpc: "2.0",
  id: number | string,
  result?: object,
  error?: {
    code: number,
    message: string,
    data?: unknown
  }
}
```

通知是不需要响应的，属于单向消息，其主要元素包括：

- 方法名；
- 可选参数。

格式如下：

```
{
  jsonrpc: "2.0",
  method: string,
  params?: object
}
```

2. 传输机制

传输层负责服务器与客户端的通信工作，目前 MCP 支持两种传输机制——Stdio 和 HTTP SSE。所有传输机制都利用 JSON-RPC 2.0 实现服务端与客户端的消息交换。

Stdio（标准输入输出）是一种计算机系统中的基础数据传输机制，由 UNIX 系统首创并广泛应用于现代计算环境。它通过 3 个标准流（标准输入 stdin、标准输出 stdout 和标准错误 stderr）为程序提供了与外部环境交互的统一接口，使程序无需关心具体的输入输出设备。这一抽象机制极大地简化了编程复杂度，支持数据重定向和管道操作，允许程序间的数据流动，成为现代操作系统和编程语言的核心组件。Stdio 机制特别适合于本地部署运行的 MCP 服务器。

HTTP SSE（Server-Sent Events）是一种允许服务器向客户端推送实时更新的 Web 技术，它建立在 HTTP 协议之上，提供了一种单向通信机制，使服务器能够通过长连接持续向客户端发送消息，而无需客户端重复请求。与 WebSockets 不同，SSE 仅支持服务器到客户端的通信，但 SSE 的实现更加简单，并且与 HTTP 的基础设施完全兼容。

服务器以特殊的 MIME 类型（text/event-stream）响应请求，每条消息由一对换行符分隔，以文本格式发送事件流。SSE 特别适用于需要实时更新的应用场景。在 HTTP SSE 机制下，MCP 客户端通过 HTTP POST 请求向 MCP 服务器发送消息。服务器则通过 SSE 消息通知客户端。

2.1.2 连接的生命周期

每个 MCP 连接遵循以下生命周期，分别是初始化、消息交换和终止。

2.1.2.1 初始化

MCP 的初始化阶段必须是客户端和服务器之间的第一次交互。该阶段包含 3 个关键步骤：

（1）客户端必须首先发送 initialize 请求，包含其支持的协议版本、客户端能力和实现信息；

（2）服务器必须发送响应，提供自身的功能和实现信息，可能会协商使用不同的协议版本；

（3）成功初始化后，客户端必须发送 initialized 通知，表明已准备好开始正常操作。

这个过程使客户端和服务器能够建立协议版本兼容性、交换并协商各自的功能，以及共享实现细节，如图 2-2 所示。

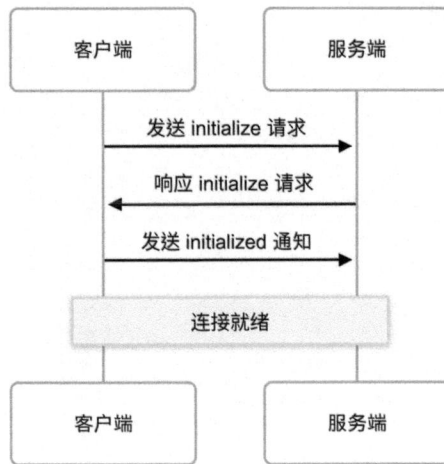

图 2-2

在初始化阶段，客户端与服务端完成主要完成版本与功能协商。在 initialize 请求中，客户端必须发送其支持的协议版本，即客户端支持的最新版本。如果服务器支持请求的协议版本，它必须以相同的版本回应。否则，服务器必须回应它支持的另一个协议版本，即服务器支持的最新版本。如果客户端不支持服务器响应中的协议版本，它应该断开连接。

在初始化阶段，客户端与服务端交换功能信息，使双方知晓对方所支持的功能。以下是一个客户端发送的 initialize 请求示例：

```
{
    "jsonrpc": "2.0",
    "id": 1,
    "method": "initialize",
    "params": {
        "protocolVersion": "2025-03-26",
        "capabilities": {
            "roots": {
                "listChanged": true
            },
            "sampling": {}
        },
        "clientInfo": {
            "name": "DemoClient",
            "version": "1.0.0"
        }
    }
}
```

以下是服务端 initialized 响应示例：

```
{
    "jsonrpc": "2.0",
    "id": 1,
    "result": {
        "protocolVersion": "2025-03-26",
        "capabilities": {
            "logging": {},
            "prompts": {
                "listChanged": true
            },
            "resources": {
                "subscribe": true,
                "listChanged": true
            },
            "tools": {
                "listChanged": true
            }
        },
        "serverInfo": {
            "name": "DemoServer",
            "version": "1.0.0"
        }
    }
}
```

1. 版本协商（Version Negotiation）

在 initialize 请求中，客户端必须发送其支持的协议版本，并且应当是客户端支持的最新版本。若服务器支持所请求的协议版本，则必须以相同的版本作出响应。否则，服务器必须回应其支持的另一个协议版本，并且应当是服务器支持的最新版本。若客户端不支持服务器响应中的协议版本，则应当断开连接。

2. 能力协商（Capability Negotiation）

能力协商中的"能力"分为客户端能力与服务端能力。在能力协商阶段，客户端与服务端分别公告自己所支持的可选特性。请参考表 2–1 了解目前 MCP 中包含的能力及其描述。

表 2–1　MCP 能力及其描述

分类	能力	描述
客户端	根目录（roots）	提供文件系统根目录的能力
	采样（sampling）	支持 LLM 的采样请求
	试验性能力（experimental）	支持试验性的非标准能力
服务端	提示词（prompts）	提供提示词模板
	资源（resources）	提供资源

分类	能力	描述
服务端	工具（tools）	提供可调用工具
	日志（logging）	发送结构化日志消息
	试验性能力（experimental）	支持试验性的非标准能力

2.1.2.2　消息交换

初始化后，客户端和服务器可以进行以下操作，如图 2-3 所示。

- 发送请求并接收响应；
- 发送通知；
- 报告错误。

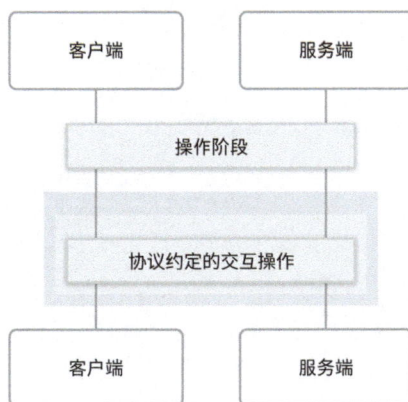

图 2-3

2.1.2.3　终止

客户端或服务端都可以终止连接。目前 MCP 并未定义明确的连接关闭消息，客户端与服务端应采用底层传输协议相应的机制通知连接关闭。

1.Stdio

客户端应该通过以下步骤关闭连接，如图 2-4 所示。

（1）关闭子进程的输入流。

（2）等待服务器进程关闭，如果服务器在合理的时间内没有关闭，则发送 SIGTERM 信号。

（3）如果服务器在接收到 SIGTERM 信号后的合理时间内仍未关闭，则发送 SIGKILL 信号。

服务器可以通过关闭其对客户端的输出流并退出来关闭连接。

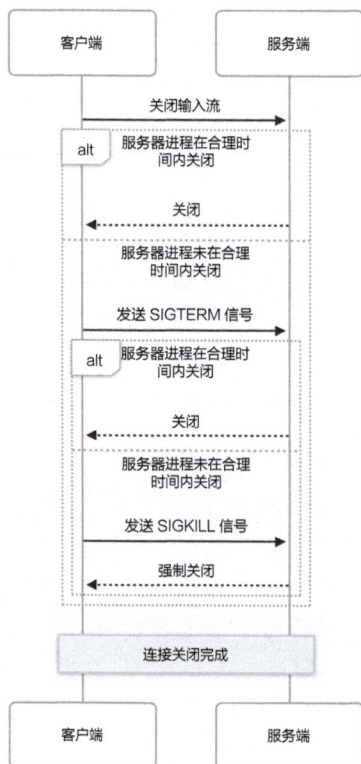

图 2-4

2.HTTP

在以 HTTP 为传输协议的连接中，关闭 HTTP 连接意味着关闭了 MCP 连接。任何一方均可关闭 HTTP 连接，关闭连接意味着不再发送消息或接收来自对端的消息。这不仅适用于客户端，也适用于服务器。无论是客户端还是服务器，都可以根据需要选择关闭连接，从而终止当前的通信。

2.1.3 错误处理

MCP 定义了标准错误代码和处理机制。服务器特定的错误代码应大于 −32000。错误通过以下方式传播：

- 传输层错误事件；
- 协议层错误处理程序；
- 请求的错误响应。

以 TypeScript SDK 的源代码为例，以下代码段定义了错误码。

```
export enum ErrorCode {
  // SDK error codes
  ConnectionClosed = -32000,
  RequestTimeout = -32001,
  // Standard JSON-RPC error codes
  ParseError = -32700,
  InvalidRequest = -32600,
  MethodNotFound = -32601,
  InvalidParams = -32602,
  InternalError = -32603,
}
```

2.2　资源

在人工智能和大语言模型的应用生态中，扩展 LLM 的知识范围和交互能力至关重要。MCP 通过"资源"这一核心原语，为这一挑战提供了优秀的解决方案。资源（Resource）是 MCP 中的基础构建块，它允许服务器向客户端暴露各种数据和内容，这些内容可以被读取并用作 LLM 交互的上下文。通过资源机制，LLM 能够获取和处理实时、多样的信息，极大地拓展了其应用边界。

2.2.1　资源概述

当我们思考 LLM 的局限性时，一个关键的挑战是它们对训练数据之外信息的获取能力。资源机制正是为了弥合这一鸿沟而设计的。在 MCP 框架下，资源代表服务器希望提供给客户端的任何类型的数据，其范围之广令人印象深刻。这些数据包括但不限于以下类型。

- 文件内容：从源代码到配置文件，从文档到日志。
- 数据库记录：结构化数据的动态获取。
- API 响应：来自外部服务的实时信息。
- 实时系统数据：操作系统状态、性能指标等。
- 截图和图像：可视化内容的获取。
- 日志文件：系统和应用行为的记录。

这种灵活性使 MCP 几乎能够适应任何类型的数据需求，每个资源都由唯一的 URI（统一资源标识符）标识，内容可以是文本或二进制数据。这种设计为将各种数据源与 LLM 集成提供了一个统一的接口。

支持资源的 MCP 服务器必须声明资源能力，资源能力支持两种可选的特性。

- subscribe：该特性用于标识客户端是否能订阅资源变更通知。
- listChanged：该特性标识用于服务端是否会在资源列表发生变化时发送通知。

> **小提示**
>
> 这两个特性都是可选的，MCP 服务器可以两个都支持，也可以支持其一或者都不支持。

以下为 MCP 服务器支持资源的 4 种情况。

两个特性都不支持

```
{
  "capabilities": {
    "resources": {}
  }
}
```

仅支持资源变更通知

```
{
  "capabilities": {
    "resources": {
      "subscribe": true
    }
  }
}
```

仅支持资源列表变更通知

```
{
  "capabilities": {
    "resources": {
      "listChanged": true
    }
  }
}
```

两个特性都支持

```
{
  "capabilities": {
    "resources": {
      "subscribe": true,
      "listChanged": true
    }
  }
}
```

2.2.2　资源的 URI

在讨论资源之前，我们需要先理解 URI 这一概念，它是资源标识和定位的基础。URI（Uniform Resource Identifier，统一资源标识符）是一个用于在互联网上标识和定位资源的字符串，可以唯一地标识各种资源，包括网页、文件、邮件地址等。

一个完整的 URI 最多由 5 个部分组成，各自具备明确的功能。

- scheme（方案）：指定使用的协议（如 http、https、ftp 等）。
- authority（授权）：标识域名或主机。
- path（路径）：指向具体资源的路径。
- query（查询）：包含请求的参数。
- fragment（片段）：指向资源的特定部分。

在这些组成部分中，只有 scheme 和 path 是必需的，其他部分可以根据具体需求存在或省略。为了更直观地理解 URI 的结构，我们来看一个典型的例子：https://example.org/test/page?id=123#section1。

按照上述的 5 个部分来划分，我们能够清晰地看到其对应关系：

- scheme: https
- authority: example.org
- path: /test/page
- query: id=123
- fragment: section1

在互联网应用中，我们常常见到 URL 这个术语。URL（Uniform Resource Locator，统一资源定位符）是 URI 的一个子集。可以这样理解——所有的 URL 都是 URI，但并非所有的 URI 都是 URL。URI 提供了一种统一的资源标识方式，使应用程序能够准确地定位和访问这些资源。

在 MCP 中，资源通常使用以下格式的 URI 进行标识：

[协议]://[主机]/[路径]

这种格式能够灵活地表示各种资源类型，例如：

- 文件资源：file:///home/user/documents/report.pdf
- 数据库资源：postgres://database/customers/schema
- 屏幕资源：screen://localhost/display1

值得注意的是，MCP 服务器实现可以自定义 URI 方案，这为系统提供了极大的灵活性，允许服务器根据特定需求创建专门的资源标识系统。

2.2.3　资源类型

资源的内容多种多样，但在 MCP 框架下，它们被归类为两种基本类型，这种分类简化了资源的处理逻辑，同时保持了足够的灵活性。

2.2.3.1　文本资源

文本资源包含 UTF-8 编码的文本数据，这是最常见的资源类型，适用于多种场景，具体如下。

- 源代码：各种编程语言的代码文件。
- 配置文件：系统和应用配置。
- 日志文件：记录系统和应用行为。
- JSON/XML 数据：结构化数据交换格式。
- 纯文本：普通文本文件。

文本资源的优势在于其处理简单、人类可读，且与 LLM 的文本处理能力高度匹配。在大多数 MCP 应用场景中，文本资源是主要的信息载体。

2.2.3.2　二进制资源

与文本资源相对的是二进制资源，它们包含以 base64 编码的原始二进制数据。二进制资源适用于以下场景。

- 图像：照片、图表、截图等。
- PDF 文档：结构化文档。
- 音频文件：声音记录。
- 视频文件：动态视觉内容。
- 其他非文本格式：各种专用文件格式。

二进制资源扩展了 MCP 的能力边界，使其能够处理更丰富的媒体类型，虽然 LLM 本身主要处理文本，但通过适当的预处理和转换，二进制资源也可以为 LLM 提供有价值的信息。

2.2.4　发现资源

在一个充满活力的 MCP 生态系统中，客户端需要一种机制来了解所连接服务器提供的可用资源。资源发现是这一生态系统的关键环节，它使客户端能够动态地发现和利用服务器提供的数据。MCP 规范定义了两种主要的资源发现方法，各自适用于不同的场景。

2.2.4.1　获取资源列表

最直接的资源发现方式是访问资源列表。MCP 服务器通过 JSON-RPC 方法 resources/list 发布一个具体的资源清单。客户端可以检索这个列表，然后通过各资源提供的 URI 直接读取相应的资源数据。

每个资源条目通常包含以下信息，这些信息共同描述了资源的特性和用途。

- uri：资源的唯一标识符，客户端用它来读取资源内容。
- name：资源的名称，通常是用户友好的描述性名称。
- description：资源的详细描述（可选），有助于理解资源的用途。
- mimeType：资源的媒体类型（可选），用于指明内容格式。

下面是一个 resources/list JSON-RPC 请求的示例，展示了客户端如何向服务器请求资源列表。

```
{
  "jsonrpc": "2.0",
  "id": 1,
  "method": "resources/list"
}
```

服务器将响应一个包含可用资源信息的列表，例如：

```
{
  "jsonrpc": "2.0",
  "id": 1,
  "result": {
    "resources": [
      {
        "uri": "file:///project/src/index.py",
        "name": "index.py",
        "description": "Flask application entry point",
        "mimeType": "text/x-python"
      },
      {
        "uri": "file:///project/src/utils.py",
        "name": "utils.py",
        "description": "Utility functions",
        "mimeType": "text/x-python"
      }
    ]
  }
}
```

通过这种方式，客户端可以获取一个全面的资源目录，了解服务器提供的所有静态资源。

2.2.4.2　获取资源模板

静态资源列表对于了解固定资源集合非常有效，但在许多场景下，资源是动态生成的或者数量众多，无法全部列出。针对这种情况，MCP 引入了资源模板的概念。资源模板允许服务器定义参数化的资源 URI 模式，客户端可以使用特定值填充这些模板来构造有效的资源 URI。

资源模板通常包含以下信息。

- uriTemplate：遵循 RFC 6570 规范的 URI 模板。
- name：模板的用户友好名称。
- description：模板的详细描述（可选）。
- mimeType：该模板生成的所有资源的媒体类型（可选）。

这里值得详细介绍 RFC 6570，它是定义 URI 模板语法的技术规范，提供了一种通过变量展开来描述 URI 的紧凑字符序列。该规范主要用于动态生成 URI，特别适用于构建 API、Web 应用程序或任何需要与 URI 交互的软件系统。目前业内主流的编程语言均有该技术规范的实现。

RFC 6570 的主要特点在于使用花括号 {} 包裹的表达式作为变量占位符，支持多种表达式类型。

- 简单字符串展开——{varname}。

简单字符串展开将变量值直接插入 URI 中，但会对保留字符进行百分号编码。

示例：

如果变量 name 的值为 "John Doe"，那么模板 http://example.com/users/{name} 就会展开为 http://example.com/users/John%20Doe。

- 保留字符展开——{+varname}。

保留字符展开保留了变量值中的保留字符，不进行百分号编码。

示例：

如果变量 path 的值为 "foo/bar"，那么模板 http://example.com/{+path} 就会展开为 http://example.com/foo/bar（注意斜杠未被编码）。

- 片段展开——{#varname}。

片段展开用于添加 URI 片段，以 # 开头。

示例：

如果变量 section 的值为 "introduction"，那么模板 http://example.com/document{#section} 就会展开为 http://example.com/document#introduction。

- 路径段展开——{/varname}。

路径段展开会在变量值前添加斜杠，用于构建路径。

示例：

如果变量 user 的值为 "john" 且 repo 的值为 "project"，那么模板 http://example.com{/user,repo} 就会展开为 http://example.com/john/project。

- 查询参数展开——{?varname}。

查询参数展开用于开始查询字符串，需要在变量前添加问号。

示例：

如果变量 page 的值为 "5" 且 limit 的值为 "10"，那么模板 http://example.com/api{?page,limit} 就会展开为 http://example.com/api?page=5&limit=10。

- 查询参数继续——{&varname}。

查询参数继续用于向已有的查询字符串中添加更多参数，在变量前添加 & 符号。

示例：

如果变量 sort 的值为 "desc" 且 filter 的值为 "active"，那么模板 http://example.com/api?page=5{&sort,filter} 就会展开为 http://example.com/api?page=5&sort=desc&filter=active。

MCP 服务器通过 JSON-RPC 方法 resources/templates/list 发布资源模板列表。下面是一个请求示例：

```
{
  "jsonrpc": "2.0",
  "id": 1,
  "method": "resources/templates/list"
}
```

服务器的响应可能如下所示：

```
{
  "jsonrpc": "2.0",
  "id": 10,
  "result": {
    "resourceTemplates": [
      {
        "uriTemplate": "file:///{path}",
        "name": "GitHub repository files",
          "description": "Access code files in the local GitHub repository
directory",
        "mimeType": "application/octet-stream"
      }
    ]
  }
}
```

通过资源模板，MCP 实现了一种强大而灵活的资源寻址机制，使客户端能够访问大量或动态生成的资源，而无须服务器列出每一个具体资源。

2.2.5　读取资源

资源发现只是第一步，客户端真正需要的是资源的内容。MCP 提供了一种统一的资源读取机制，使客户端能够获取任何已发现资源的实际数据。

MCP 客户端通过发送 resources/read 请求，基于特定的 URI 读取资源内容。这个过程简单而直接，客户端只需提供想要读取的资源 URI，服务器就会返回相应的内容。

以下是一个 JSON-RPC 请求示例，客户端请求读取特定的 Markdown 文档：

```
{
  "jsonrpc": "2.0",
  "id": 2,
  "method": "resources/read",
  "params": {
    "uri": "file:///project/src/docs/intro.md"
  }
}
```

服务器收到请求后，如果资源存在并且客户端有权访问，将返回以下资源内容：

```
{
  "jsonrpc": "2.0",
  "id": 2,
  "result": {
    "contents": [
      {
        "uri": "file:///project/src/docs/intro.md",
        "mimeType": "text/markdown",
        "text": "```text\nWelcome to MCP!\n```"
      }
    ]
  }
}
```

服务器的响应包含一个资源内容列表，每个内容项包括：

- 资源的 URI；
- 资源的 MIME 类型；
- 资源的实际内容（文本或 base64 编码的二进制数据）。

这种统一的资源读取机制使客户端能够以一致的方式处理各种类型的资源，无论它们的来源或格式如何。

2.2.6　更新资源

在实际应用场景中，资源数据往往不是静态的，它们会随着时间推移发生变化。为了保持客户端与服务器之间的同步，MCP 支持实时资源更新机制，使客户端能够及时获取最新的资源信息。

MCP 定义了两种主要的资源变更通知机制，分别针对资源列表的变化和单个资源内容的变化，这种双层通知架构确保了客户端可以灵活地响应各种类型的资源变更。

2.2.6.1　列表变更通知

随着系统的持续运行，可用资源的集合可能会发生变化，例如新资源可能被添加，现有资源可能被移除或修改。为了让客户端了解这些变化，MCP 服务器可以通过 JSON-RPC 方法 notifications/resources/list_changed 发送通知。

这种通知机制利用了 MCP 支持的通知消息类型，它是一种单向消息，不需要客户端的响应。当客户端收到列表变更通知后，通常会重新请求资源列表，以获取最新的资源集合信息。

2.2.6.2　内容变更事件

除了整体资源列表的变化，单个资源的内容也可能频繁更新。对于需要跟踪特定资源变化的场景，MCP 提供了一套资源订阅机制。

资源内容变更的工作流程如下。

- **订阅**：客户端利用资源 URI，通过 JSON-RPC 方法 resources/subscribe 订阅特定资源内容的变更。
- **通知**：当资源内容发生变化时，服务端发送通知 notifications/resources/updated，告知客户端资源已更新。
- **读取**：客户端收到通知后，可以选择通过 resources/read 方法读取最新的资源数据。
- **取消订阅**：当客户端不再需要接收变更通知时，可以通过 resources/unsubscribe 方法取消订阅。

这种"订阅 – 通知"模式使客户端能够高效地跟踪重要资源的变化，而不需要频繁轮询所有资源。对于实时性要求高的应用场景，这一机制尤为重要。

2.2.7　实现一个支持资源数据的 MCP 服务器

理论知识需要通过实践来巩固。下面，我们将通过一个 TypeScript 代码片段，展示一个支持资源数据的 MCP 服务器的基本实现。这个例子虽然简单，但包含了资源功能的核心组件，有助于理解 MCP 资源机制的实际应用。

```
const server = new Server({
  name: "document-server",
  version: "1.0.0"
}, {
  capabilities: {
    resources: {}
  }
});
const resource_uri = "file:///project/src/docs/intro.md";
// 列出可用资源
server.setRequestHandler(ListResourcesRequestSchema, async () => {
  return {
    resources: [
      {
        uri: resource_uri,
        name: "Project document",
        mimeType: "text/markdown"
      }
    ]
  };
});
// 读取资源内容
server.setRequestHandler(ReadResourceRequestSchema, async (request) => {
```

```
const uri = request.params.uri;
if (uri === resource_uri) {
  const markdownContent = await readLogFile();
  return {
    contents: [
      {
        uri,
        mimeType: "text/markdown",
        text: markdownContent
      }
    ]
  };
}
throw new Error("Resource not found");
});
```

这个示例服务器实现了两个关键的请求处理器。

• 资源列表处理器：实现了 resources/list 方法，响应中列出了一个 Markdown 文档资源。在实际应用中，这个处理器可能会返回更复杂的资源列表。

• 资源读取处理器：实现了 resources/read 方法，当请求的 URI 匹配服务器知道的资源时，读取并返回该 Markdown 文档的内容。如果资源不存在，则通过错误消息通知客户端。

虽然这是一个简化的例子，但它展示了 MCP 资源功能的基本框架。在实际应用中，服务器可能会支持更多功能，如资源模板、内容订阅和变更通知等。

2.2.8 安全性如何保障

在实际的业务场景中，MCP 服务器发布的资源可能随时发生着变化，这些资源可能包含具有隐私性、敏感性的数据。

资源机制使 MCP 具备强大的功能，同时也引入了一系列安全挑战。MCP 服务器发布的资源可能包含敏感数据，或者提供对关键系统的访问权限。因此，在实现资源功能时，安全性必须是首要考虑因素。

在发布资源时，我们应当考虑以下安全因素，以确保数据的可访问性、安全性与隐私性。

• 验证所有资源 URI。

• 部署适当，必要的访问控制。

• 清理文件路径以防止目录遍历。

• 谨慎处理二进制数据。

• 考虑对资源读取进行限流。

• 审计资源访问。

• 加密传输中的敏感数据。

- 验证 MIME 类型。
- 为长时间运行的读取进行超时控制。
- 适当的资源清理。

2.3　提示词

提示词（Prompt）是 AI 时代最为热门的名词。什么是提示词？这是在 AI 应用中使用的一种输入形式，它帮助用户与 DeepSeek、通义千问等 AI 大模型进行有效沟通。通过提示词，用户可以使用自然语言表达需求，使 AI 理解并执行相应的任务。

提示词的形式可以很简单（比如一个日常问题或简短指令），也可以较为复杂（包含详细的任务描述或特定的要求）。就像日常交谈一样，用户可以通过提示词向 AI 询问信息、请求帮助，或者进行持续的对话。一个合适的提示词通常包含了具体的需求和必要的上下文信息，这些信息能够帮助 AI 更好地理解用户的意图。

提示词也是 MCP 中的核心概念之一。MCP 定义的提示词是可重用的模板机制，用于指导 LLM 有效地与 MCP 服务器交互。结构化的指令或上下文有助于 LLM 理解所需的任务或信息。

> **小提示**
>
> 本节介绍的提示词，特指 MCP 中定义的提示词模板机制。

2.3.1　提示词概述

提示词采用预定义模板的形式，根据实际需求接收动态参数，使提示词可以灵活适应不同场景和需求。在运行时，模板可以自动整合来自各种资源的上下文信息，确保 AI 模型能够获得更完整的背景信息来处理任务。

这种模板化的提示词设计支持多个交互环节的串联，使复杂的任务被分解为一系列连贯步骤。通过预设的工作流程指引，引导 AI 模型按照特定的路径完成任务，保证输出结果的质量和一致性。

在实际应用中，提示词模板可以以用户友好的方式呈现，比如通过斜杠命令等 UI 元素，方便用户快捷地调用和使用。这种设计既保持了提示词的强大功能，又提供了简单直观的使用体验。

与资源能力相同，支持提示词的 MCP 服务器必须声明提示词能力。提示词能力支持唯一的特性 listChanged。示例如下：

```
{
  "capabilities": {
    "prompts": {
      "listChanged": true
    }
  }
}
```

在上述示例中，特性 listChanged 用于标识是否在可用提示词列表发生变更时发送通知。

2.3.2 提示词结构

每个提示词的结构如下：

```
{
  name: string;
  description?: string;
  arguments?: [
    {
      name: string;
      description?: string;
      required?: boolean;
    }
  ]
}
```

每个提示词必须有一个唯一的名称作为标识符。提示词可以附带一段描述来解释其用途和功能，虽然这并不是必需的，但强烈建议开发者提供描述，以帮助客户端更好地理解提示词。提示词还可以包含参数列表，其中每个参数都有特定的名称和描述，参数可以设置为必填或选填。有的提示词并不需要参数，因此，提示词参数列表也不是必需的。

我们来看一个提示词的例子：

```
{
  "name": "translate",
  "description": "Asks the LLM to translate the given text to the expected
language",
  "arguments": [
    {
      "name": "text",
      "description": "The text to translate",
      "required": true
    },
    {
      "name": "language",
      "description": "The expected language",
      "required": true
```

```
    }
  ]
}
```

2.3.3　发现提示词

　　MCP 客户端同样需要一种机制帮助它了解所连接服务器的可用提示词。服务器通过 JSON-RPC 方法 prompts/list 发布提示词列表。一个典型的请求与响应示例如下。

　　请求示例：

```
{
  method: "prompts/list"
}
```

　　响应示例：

```
{
  "prompts":
    [
      {
        "name": "translate",
        "description": "Asks the LLM to translate the given text to the expected
language",
        "arguments":
          [
            {
              "name": "text",
              "description": "The text to translate",
              "required": true
            },
            {
              "name": "language",
              "description": "The expected language",
              "required": true
            }
          ]
      }
    ]
}
```

2.3.4　获取提示词

MCP 客户端通过 JSON-RPC 方法 prompts/get 获取指定的提示词。这里以 2.3.3 小节中的 translate 提示词为例，展示如何基于参数 text、language 获取提示词。

JSON-RPC 请求示例：

```
{
  "jsonrpc": "2.0",
  "id": 2,
  "method": "prompts/get",
  "params": {
    "name": "translate",
    "arguments": {
      "text": "今天是星期一",
      "language": "English"
    }
  }
}
```

响应示例：

```
{
  "jsonrpc": "2.0",
  "id": 2,
  "result": {
    "description": "Translate the given text into English",
    "messages": [
      {
        "role": "user",
        "content": {
          "type": "text",
          "text": "Please the following text to English:\n 今天是星期一 "
        }
      }
    ]
  }
}
```

在响应示例中，MCP 服务器基于客户端提供的参数创建了一条可以与 LLM 有效交互的提示词，该提示词指导 LLM 将文字"今天是星期一"翻译为英文。

2.3.5　提示词消息类型

提示词系统作为人机交互的核心组件，需要支持丰富多样的内容表达形式。在现代 AI 应用场景中，单一的文本交互已不能满足复杂多变的用户需求。因此，MCP 规范定义了一套完整的消息类型体系，以实现从基础文本到复杂多媒体的全方位交互能力。

每个提示词消息类型都遵循统一的结构设计，确保信息传递的一致性和可靠性。这种标准化结构使开发者能够轻松实现跨平台的消息处理逻辑。消息包含的核心元素包括以下类型。

- Role：明确标识消息发送者的身份，目前支持两种角色定义。
  - user：表示来自用户的输入。
  - assistant：表示 LLM 的响应。
- content：承载实际消息内容的容器，可包含多种类型的数据结构，以支持不同的交互需求。

现在我们就来看看 MCP 约定的提示词消息类型。

2.3.5.1　文本内容

文本内容是最常见也是最基础的交互形式，它为自然语言对话提供了基本载体。在多模态系统中，文本仍然是信息传递的主要方式。

文本内容的消息结构如下：

```
{
    "type": "text",
    "text": " 这是一条普通的文本消息 ",
    "format": "markdown"   // 可选，支持文本格式化
}
```

2.3.5.2　图像内容

随着 AI 多模态能力的提升，在提示词系统中包含视觉信息成为关键功能。图像内容类型使 AI 系统能够接收和处理视觉输入，大幅拓展了交互的维度和深度。图像内容通常以 base64 编码格式传输，其消息结构如下：

```
{
    "type": "image",
    "data": "base64 编码的图像数据 ",
    "mimeType": "image/jpeg",
    "alt": " 图像描述 "
}
```

2.3.5.3　嵌入资源

嵌入资源类型提供了一种强大的机制，支持提示词直接引用服务器端的资源。这种设计使系统能够在对话中无缝整合预定义的内容，如文档片段、代码示例或参考材料。嵌入资源的消息结构如下：

```
{
    "type": "resource",
```

```
  "resource": {
    "uri": "resource://samples/config.json",
    "mimeType": "application/json",
    "metadata": {
      "version": "1.0",
      "category": "示例"
    }
  }
}
```

这些消息类型使提示词系统能够支持多模态交互，从简单的文本对话到包含图像、代码示例和其他结构化数据的复杂交互场景。

2.4 工具

工具（Tool）是 MCP 中的关键组件，使服务器能够向客户端提供可执行功能，从而使 LLM 可以真正实现与外部系统的交互。我们设想一个典型的应用场景，当搜索引擎基于自己的 API 创建 MCP 服务器，并将其集成到 MCP 宿主应用（比如 Claude 桌面应用），这使 Claude 能够通过 MCP 与搜索引擎交互，实现实时数据检索，并基于查询结果与用户交互。这一机制极大地拓展了 LLM 的知识库，使其不再受限于静态的训练数据。

2.4.1 工具概述

MCP 支持服务器发布可由客户端调用的工具，这些工具将作为 LLM 可执行的函数。工具的核心功能包括以下几种。

- 发现：客户端可以通过 tools/list 方法列出可用工具。
- 调用：工具通过 tools/call 方法调用，服务器执行请求的操作并返回结果。

与仅提供静态数据的资源不同，工具代表动态操作，能够修改系统状态或与外部服务交互。

与资源能力相同，支持工具的 MCP 服务器必须声明工具能力。工具能力支持唯一的特性 listChanged。示例如下：

```
{
  "capabilities": {
    "tools": {
      "listChanged": true
    }
  }
}
```

在上述示例中，特性 listChanged 用于标识是否在可用工具列表发生变更时发送通知。

2.4.2　如何定义工具

为确保服务器能够有效地向客户端暴露功能，我们需要一种标准化的方式来描述工具。MCP 规范提供了一种结构化的格式，使工具定义既简洁又富有表达力。在这种标准化结构中，每个工具都需要包含必要的信息，例如，唯一标识符、描述信息及输入参数的规范。

工具定义的结构如下：

```
{
  name: string;           // 工具的唯一标识符
  description?: string;   // 对用户友好的描述
  inputSchema: {          // 工具参数的 JSON Schema
    type: "object",
    properties: { ... }   // 工具特定的参数
  }
}
```

上述结构提供了工具的框架，但要深入理解其实际应用，我们需要通过具体示例来演示如何定义和实现工具。下面的 TypeScript 示例代码展示了如何在 MCP 服务器中定义和实现一个简单的数学计算工具。这个示例不仅能帮助我们建立更直观的认识，还能清晰展示工具定义与实际处理逻辑之间的对应关系。

在该示例中，MCP 服务器定义了一个名为 calculate_square_root 的工具，该工具接受一个数字类型的参数，计算其平方根并返回结果：

```
const server = new Server({
  name: "math-server",
  version: "1.0.0"
}, {
  capabilities: {
    tools: {}
  }
});
// 定义工具列表
server.setRequestHandler(ListToolsRequestSchema, async () => {
  return {
    tools: [{
      name: "calculate_square_root",
      description: "Calculate the square root of a given number",
      inputSchema: {
        type: "object",
        properties: {
          num: { type: "number" }
```

```
      },
        required: ["num"]
      }
    }]
  };
});
// 注册工具调用处理器
server.setRequestHandler(CallToolRequestSchema, async (request) => {
  if (request.params.name === "calculate_square_root") {
    const { num } = request.params.arguments;
    return {
      content: [
        {
          type: "text",
          text: String(Math.sqrt(num))
        }
      ]
    };
  }
  throw new Error("Tool not found");
});
```

2.4.3　工具消息类型

工具消息用于标准化表示工具调用的返回结果。工具不仅需要定义清晰的输入参数，还需要能够返回各种类型的结果数据。MCP 工具系统设计了一套灵活的消息类型机制，支持标准化的定义结构和多样化的结果类型，以满足不同应用场景的需求。

首先，让我们回顾工具定义的核心字段，这是每个工具声明中必不可少的组成部分。

- name：工具的唯一标识符。
- description：工具功能的描述文本。
- inputSchema：基于 JSON Schema 定义的参数规范。

工具调用完成后，需要将处理结果返回给调用方。MCP 规范支持多种类型的返回消息，使工具能够传递不同形式的结果数据，包括文本数据、图像数据和资源引用，这种多样性极大地增强了工具的表达能力和适用范围。

下面，我们将通过几个典型的示例来了解不同类型的返回消息格式。

首先，最常见也是最基础的返回结果类型是文本数据，它适用于返回简单的文字信息，例如操作状态、计算结果等：

```
{
  "type": "text",
```

```
    "text": " 成功删除 3 组数据 "
}
```

除了简单的文本外，有些场景需要返回更丰富的可视化内容。例如，数据分析工具可能需要返回图表，图像处理工具可能需要返回处理后的图像。对于这类情况，MCP 提供了返回图像数据的功能，图像数据通常会以 base64 编码的形式嵌入在返回消息中：

```
{
    "type": "image",
    "data": "base64 编码图像数据 ",
    "mimeType": "image/png",
    "dimensions": {
        "width": 1200,
        "height": 800
    }
}
```

对于生成大规模数据或需要长期存储的工具调用结果，直接在返回消息中嵌入完整数据可能导致效率低下。MCP 采用资源引用机制，通过返回持久化资源的访问标识符来优化此类场景，特别适合处理大型数据集、需要长期保存的生成内容或需要多次访问的结果。以下是一个返回资源引用的示例：

```
{
    "type": "resource",
    "resource": {
        "uri": "resource://results/investment.json",
        "mimeType": "application/json",
        "metadata": {
            "created": "2025-03-27T23:59:17Z",
            "expires": "2025-03-28T23:59:17Z"
        }
    }
}
```

2.4.4　工具如何发现和更新

在 MCP 生动态系统中，工具集合具有动态演化的特性。新的工具可能会被添加，现有的工具可能会被修改或移除。为了确保客户端始终能够获取到最新的工具列表，MCP 提供了工具发现和变更通知机制。与资源和提示词类似，MCP 同样支持工具的动态发现以及变更通知。

具体而言，MCP 客户端可以使用 JSON-RPC 方法 tools/list 列出当前可用的所有工具，而 MCP 服务器则可以通过 notifications/tools/list_changed 主动通知客户端工具列表发生了变更，确保客户端能够及时更新其工具信息。

2.4.5 错误处理

在实际应用中，工具调用可能会因为各种原因而失败，例如，参数不合法、资源不可用、网络问题或业务逻辑错误等。为了帮助客户端和 LLM 有效地处理这些失败情况，MCP 规范设计了完善的错误处理机制。

MCP 规范约定了两种不同层次的错误报告机制——协议错误和工具调用错误。这两种机制各自针对不同类型的错误场景，共同构成了一个全面的错误处理框架。通过这两种错误机制的结合，MCP 工具系统可以有效地区分和处理不同层面的错误，使错误处理更加清晰和规范。

2.4.5.1 协议错误

第一种错误类型是协议错误，它主要处理与协议本身相关的问题。当客户端请求调用一个不存在的工具，提供了格式不正确的参数，或者服务器自身遇到了内部错误时，就会返回协议错误。

协议错误使用标准的 JSON-RPC 错误格式进行表示，这使它与其他 JSON-RPC 协议错误处理方式保持一致，便于集成到现有的 JSON-RPC 客户端中。这类错误通常表示调用无法继续进行，需要客户端修正请求后重试。

示例：

```
{
  "jsonrpc": "2.0",
  "id": 3,
  "error": {
    "code": -32602,
    "message": "Unknown tool: tool_name_not_found"
  }
}
```

2.4.5.2 工具调用错误

第二种错误类型是工具调用错误，它发生在工具本身的执行过程中。与协议错误不同，这类错误不会中断 JSON-RPC 调用的正常流程，而是作为工具调用的一种特殊结果返回给客户端。

工具调用错误通过在返回结果中设置 "isError": true 标记错误状态，同时在 content 字段中提供详细的错误信息。这类错误常见于外部 API 调用失败、输入数据格式正确但业务逻辑上无效、权限不足，或者其他业务相关的问题场景。

这类错误不作为协议级别错误处理，目的是使 LLM 能够获取错误详情，并在其能力范围内处理这些错误。例如，当 LLM 推理出错误的时间参数并调用工具时，执行错误详情可以帮助 LLM 理解错误原因，然后重新推理，并尝试使用正确的时间参数再次调用工具。

示例：

```
{
  "jsonrpc": "2.0",
  "id": 1,
  "result": {
    "content": [
      {
        "type": "text",
        "text": "Failed to update expiry time: invalid time value provided"
      }
    ],
    "isError": true
  }
}
```

2.5　采样

在人工智能和大语言模型应用程序的生态系统中，我们常常需要一种机制使服务器能够调用客户端的大语言模型能力。MCP 的采样（Sampling）功能 [①] 正是为此而设计，它为服务器提供了一种标准化的方式，通过客户端请求语言模型生成内容（即"补全"或"生成"），从而实现复杂的智能体行为，同时保持安全和隐私边界。

采样功能的独特之处在于它允许 LLM 调用嵌套在其他 MCP 服务器功能内部，这为 MCP 生态系统带来了全新的可能性。通过这一机制，服务器可以"借助"客户端的 LLM 能力，实现更加智能的交互，而不需要另外部署和维护一个大型语言模型，也不需要服务器 API 密钥。这不仅降低了服务器的运行成本，还使系统可以灵活地进行扩展。

支持采样的 MCP 客户端必须声明采样能力。采样能力的声明示例如下：

```
{
  "capabilities": {
    "sampling": {}
  }
}
```

2.5.1　采样的工作原理

采样功能使服务器能够向客户端的 LLM 请求生成内容，然后使用这些生成的内容来执行更复杂的任务其设计遵循"安全优先、人机协同"原则。

特别重要的是，在安全和信任方面，MCP 规范强调人类始终参与循环（human in the

---

① 采样属于 MCP 客户端能力，截至作者编写本书时，Claude 桌面应用还未支持该功能。

loop），以便审查或拒绝采样请求。客户端应用程序应该提供直观的用户界面，使用户能够轻松地审查请求，在发送前查看和编辑提示，并在结果返回给服务器前进行审核。

具体而言，采样流程遵循以下步骤。

（1）发起请求：服务器向客户端发送 sampling/createMessage 请求，其中包含所需的消息内容和采样参数。

（2）用户审核：客户端向用户展示请求内容，以便用户审核或修改请求内容，确保安全性和隐私保护。

（3）LLM 生成内容：客户端将经用户审批的请求转发给 LLM，获取生成结果。这一步骤即为真正的"采样"过程，LLM 根据输入生成相应的输出。

（4）响应审核：客户端向用户展示生成的结果，以便用户审核或修改内容，确保其符合安全和隐私要求。

（5）返回结果：客户端将经用户审批的结果返回给服务器，服务器可以基于这些结果执行后续操作。

采样流程时序图如图 2-5 所示。

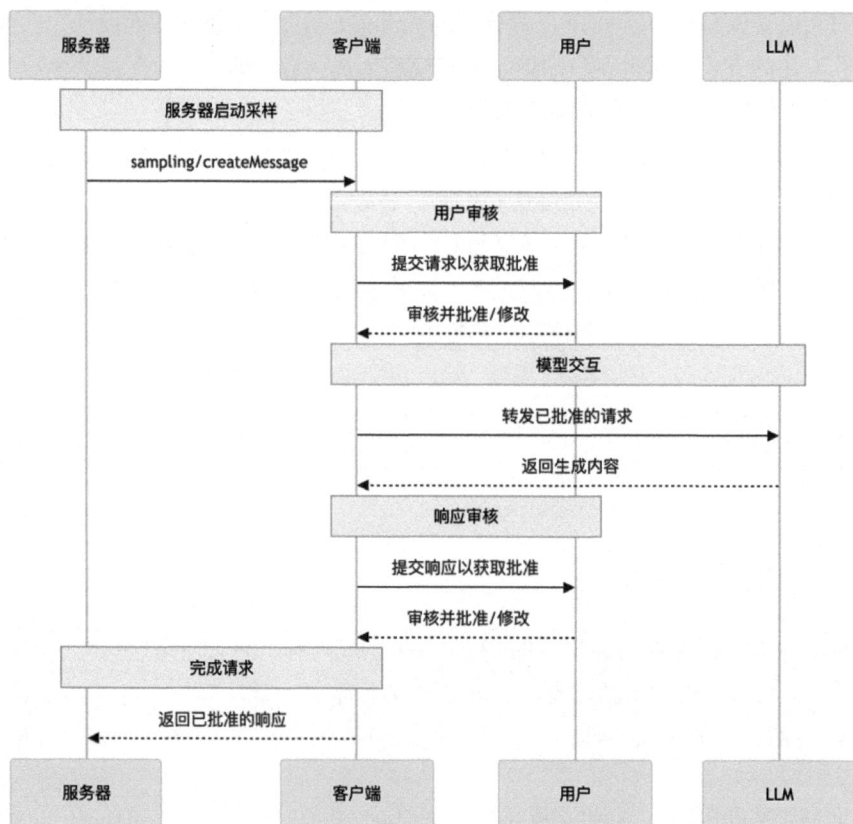

图 2-5

这种设计使服务器能够利用客户端 LLM 的强大生成能力，同时通过用户介入确保整个过程的安全性，客户端保持对流程的控制，可以拒绝不安全或不适当的请求，保护用户的隐私和安全。

2.5.2　消息格式

为了确保服务器和客户端之间的有效通信，MCP 规范定义了标准化的采样消息格式。这种格式详细规定了请求的结构、参数和选项，使双方能够清晰地理解彼此的意图和需求。

采样请求的核心是一个结构化的 JSON 对象，它包含了多个关键字段，每个字段都有特定的作用和含义。下面是一个典型的采样请求示例：

```json
{
  "messages": [
    {
      "role": "user" | "assistant",
      "content": {
        "type": "text" | "image",
        // 对于文本内容
        "text": " 文本内容 ",
        // 对于图像内容
        "data": "base64 编码的图像数据 ",
        "mimeType": " 图像的 MIME 类型 "
      }
    }
  ],
  "modelPreferences": {
    "hints": [{
      "name": " 建议的模型特性 "
    }],
    "costPriority": 0.5,            // 0~1 范围，表示成本优先级
    "speedPriority": 0.7,          // 0~1 范围，表示速度优先级
    "intelligencePriority": 0.8    // 0~1 范围，表示智能水平优先级
  },
  "systemPrompt": " 系统提示词 ",
  "includeContext": "none" | "localServer" | "cloudServer",
  "samplingParameters": {
    "temperature": 0.7,
    "maxTokens": 1000,
    "stopSequences": ["##", "END"],
    "metadata": {
      "customField": " 自定义值 "
    }
  }
}
```

让我们详细解析这个消息格式的各个部分。

（1）messages：包含多个消息对象的数组，代表对话的历史记录或上下文。每个消息对象包含以下要素。

• role：标识消息的发送者角色，可以是 "user"（用户）或 "assistant"（助手）。

• content：消息的具体内容，可以是文本或图像。对于文本内容，使用 "text" 字段；对于图像内容，使用 "data"（base64 编码格式的图像数据）和 "mimeType"（图像类型）字段。

（2）modelPreferences：这个字段允许服务器指定对语言模型的偏好设置，解决了服务器和客户端可能使用不同 AI 服务提供商的问题：

• hints：提供对特定模型或模型系列的建议。这些提示被视为可以灵活匹配模型名称的子字符串，多个提示按优先级顺序评估。客户端可能会将这些提示映射到不同服务供应商的等效模型，但这些提示仅具有建议性质，由客户端做出最终的模型选择。

• costPriority、speedPriority 和 intelligencePriority：这 3 个字段是标准化的优先级值（0~1 范围），分别表示最小化成本的重要性（较高值倾向于更便宜的模型）、低延迟的重要性（较高值倾向于更快的模型）和先进能力的重要性（较高值倾向于更强大的模型）。

（3）systemPrompt：提供给语言模型的系统指令或提示，用于指导模型的行为和输出风格。

（4）includeContext：指定应包含哪些上下文信息，可选值包括 "none"（不包含任何上下文）、"localServer"（包含本地服务器上下文）或 "cloudServer"（包含云服务器上下文）。

（5）samplingParameters：该字段包含与采样过程相关的具体参数。

• temperature：控制生成文本的随机性，较高的值会产生更多样化但可能不太连贯的输出。

• maxTokens：限制生成文本的最大长度。

• stopSequences：指定在遇到这些序列时停止生成。

• metadata：可以包含任何自定义元数据，供服务器和客户端使用。

通过这种标准化的消息格式，MCP 确保了采样请求的清晰性和一致性，使服务器和客户端能够有效地协作，共同完成复杂任务。

2.5.3 安全性如何保障

采样功能虽然强大，但也带来了一系列安全和隐私问题。MCP 规范提出了多项关键安全建议。

• **客户端应实施用户批准控制**：如前所述，应始终有人类参与循环，以便审查和批准采样请求。

• **双方应验证消息内容**：服务器和客户端都应验证消息内容的安全性和适当性。

• **客户端应尊重模型偏好提示**：尽管由客户端做出最终决定，但应尽可能考虑服务器提供的模型偏好。

• **客户端应实施速率限制**：为防止滥用，应对采样请求实施适当的速率限制。

- **双方必须妥善处理敏感数据**：所有参与方必须确保敏感数据得到适当保护。

2.5.4 错误处理

在采样过程中，可能会出现各种错误情况。客户端应返回标准的错误响应，包括以下常见情况：

- 用户拒绝了采样请求；
- 请求的模型或功能不可用；
- 超出了速率限制；
- 内容被安全过滤器拦截。

2.6 根目录

根目录（roots）是 MCP 中定义服务器操作边界的重要概念，它提供了一种机制，使客户端能够向服务器告知相关资源及其位置，从而建立服务器可以操作的边界范围。通过根目录，服务器能够明确理解它可以访问哪些目录和文件，确保在合适的作用域内运行。

支持根目录的 MCP 客户端必须声明根目录能力，其声明示例如下：

```
{
  "capabilities": {
"roots": {
  "listChanged": true
}
  }
}
```

在上述示例中，特性 listChanged 用于标识当根目录列表发生变化时，客户端是否发送通知消息。

2.6.1 根目录的本质

根目录本质上是客户端建议服务器应该关注的 URI（统一资源标识符）。当客户端连接到服务器时，它会声明服务器应该使用哪些根目录，这些根目录成为服务器操作的参考点和边界。

尽管根目录主要用于文件系统路径，但它们可以是任何有效的 URI，包括 HTTP URL。这种灵活性使得根目录概念能够适应各种不同的资源类型和位置。

例如，根目录可能包括：

```
file:///home/user/github/repo1
https://api.example.com/beta
```

2.6.2　为什么要使用根目录

根目录在 MCP 系统中扮演着多重关键角色，具体如下所示。

· **指导作用**：根目录为服务器提供了关于相关资源和位置的明确指引，使服务器能够专注于重要的工作区域。

· **边界清晰**：通过根目录，系统可以清晰地界定哪些资源属于工作空间的一部分，这有助于避免服务器访问不相关或不应访问的资源。

· **资源组织**：支持多个根目录的设置，使用户能够同时处理和组织不同的资源集合，从而提高工作效率和灵活性。

· **安全保障**：根目录为访问控制提供了保障，确保服务器只能在明确允许的区域内操作，这对于保护敏感数据和系统资源至关重要。

· **结构化访问**：根目录为 LLM 和其他系统组件提供了结构化的资源访问点，使它们能够更有效地导航和利用可用资源。

通过上述机制，根目录突破了传统系统中资源访问的局限性，使 MCP 应用能够在保障安全性的同时，灵活地与多种资源类型交互。

2.6.3　根目录的工作机制

当客户端支持根目录功能时，它会遵循以下流程：

· 在连接建立过程中，客户端声明支持根目录功能；

· 客户端向服务器提供建议的根目录列表；

· 如果支持变更通知，当根目录发生变化时，客户端会通知服务器。

尽管根目录仅具有指导性，而非强制性约束，并不严格强制执行访问限制，但服务器应当：

· 尊重提供的根目录边界；

· 使用根目录 URI 来定位和访问资源；

· 优先考虑在根目录边界内的操作。

2.6.4　根目录的消息类型

根目录涉及两种主要的协议消息类型——根目录列表获取和变更通知。这些消息类型构成了根目录功能的通信基础。

2.6.4.1　获取根目录列表

MCP 服务器通过发送 roots/list 请求获取客户端中可用的根目录，这使服务器能够了解它可以操作的资源范围。

请求示例：

```
{
  "jsonrpc": "2.0",
  "id": 100,
  "method": "roots/list",
}
```

响应示例：

```
{
  "jsonrpc": "2.0",
  "id": 100,
  "result": {
    "roots": [
      {
        "uri": "file://projects/mcp-demo",
        "name": "MCP 示例项目 "
      }
    ]
  }
}
```

2.6.4.2　根目录变更通知

当根目录列表发生变化时（例如用户添加或删除了项目目录），支持发送变更通知的客户端会向服务器发送通知消息。该机制使服务器能够及时调整其操作范围，以适应新的资源配置。

通知示例如下：

```
{
  "jsonrpc": "2.0",
  "method": "notifications/roots/list_changed",
}
```

2.6.5　常见用例

根目录在 MCP 中有多种实际应用场景。通过定义操作边界，根目录可使 MCP 应用能够理解资源的使用限制，确保在允许的边界内操作，并遵守访问控制策略。

以下典型示例展示了根目录如何为 LLM 提供结构化的访问点，使其能够有效地与各种系统资源交互，同时保持安全性和一致性。

2.6.5.1　项目目录

根目录最常见的用途之一是定义开发项目的工作空间。这允许服务器访问整个项目结构，包括源代码、配置文件、资源文件等。通过项目根目录，LLM 可以理解项目的整体结构，执行代码分析、文档生成或其他开发任务。

项目根目录的示例：

```
{
    "uri": "file:///workspace/todo-app",
    "name": "待办事项应用"
}
```

在这种情况下，服务器可以访问 /workspace/todo-app 目录下的所有文件和子目录，例如：

- /workspace/todo-app/src（源代码目录）；
- /workspace/todo-app/docs（文档目录）；
- /workspace/todo-app/config（配置文件目录）；
- /workspace/todo-app/tests（测试文件目录）。

2.6.5.2　代码仓库

根目录可以配置为连接到版本控制系统中的代码仓库。通过这种配置，MCP 应用能够访问指定的代码库，从而执行代码分析、提供优化建议或完成其他代码相关任务。

用于管理版本控制系统中的代码如下：

```
{
    "uri": "git://github.com/user/mcp-examples",
    "name": "MCP 示例集"
}
```

这种配置使 MCP 应用能够在特定的 GitHub 代码仓库范围内运行操作，其主要功能包括：

- 分析仓库中的代码结构和质量；
- 理解代码库的依赖关系；
- 提供代码改进建议；
- 辅助分支管理和版本控制相关操作；
- 生成或更新代码文档。

2.6.5.3　API 端点

根目录同时定义了服务器可以访问的 API 端点，这使 MCP 应用能够与外部服务进行交互，获取或提交数据，同时保持清晰的边界。

API 端点根的示例：

```
{
    "uri": "https://weather-service.com/v1",
    "name": "天气服务 API",
}
```

通过这种配置，MCP 服务器可以：

- 向指定的 API 端点发送请求；
- 获取和处理 API 返回的数据；
- 使用 API 提供的功能增强自身能力；
- 保持对可访问 API 的清晰界限。

2.6.5.4　多样化资源组合

在实际应用中，MCP 客户端通常会提供多个不同类型的根目录，以满足复杂场景的需求。例如，一个开发环境可能同时包含本地项目目录、远程代码仓库和所需的 API 端点：

```
{
  "roots": [
    {
      "uri": "file:///workspace/current-project",
      "name": "当前项目"
    },
    {
      "uri": "git://github.com/org/shared-libraries",
      "name": "共享库"
    },
    {
      "uri": "https://api.company.com/services",
      "name": "内部服务 API"
    }
  ]
}
```

这种组合使 MCP 应用能够在一个统一的上下文中处理多种资源，大大增强了系统的灵活性和功能性。

2.6.6　安全性如何保障

根目录的设计中包含了多项安全考虑，旨在确保资源访问的安全性和可控性，具体如下所示。

客户端必须只暴露具有适当权限的根目录，并验证所有根目录的 URI 以防止路径遍历攻击，实现正确的访问控制机制，监控根目录的可访问性。

服务器应当处理根目录变得不可用的情况，在操作中尊重根目录边界，根据提供的根目录验证所有路径。

通过这些安全机制，MCP 确保了资源访问的适当控制，保护系统不受未授权访问的影响。

2.6.7 最佳实践

在使用根目录时，应当遵循以下最佳实践：

- 只建议必要的资源作为根目录；
- 为根目录使用清晰、描述性的名称；
- 监控根目录的可访问性；
- 优雅地处理根目录变更；
- 确保用户了解根目录包含的内容和影响。

遵循这些最佳实践可以确保根目录功能的有效和安全使用，提高系统的可靠性和用户体验。

2.7 本章小结

本章全面介绍了 MCP 的核心技术架构，主要包含以下关键组件资源、提示词、工具、采样、根目录和传输层。这些组件构成了 MCP 的基础框架，理解它们对于有效使用和实现 MCP 至关重要。通过本章的学习，读者将能够更好地开发和优化 MCP 服务，使其在各种应用场景中发挥最大效能。MCP 的灵活性和扩展性不仅提升了 LLM 的能力，还为创新提供了广阔的空间，使 LLM 能够在更多应用场景中成为开发者不可或缺的助手。

3 第 3 章

MCP SDK

在第 1 章和第 2 章中，我们深入探讨了 MCP 的基本概念、架构设计和核心组件，建立了对这一协议的理论基础。本章将聚焦于 MCP 开发实践，探索 MCP SDK（Software Development Kit，软件开发工具包）的多语言支持及其使用方法，帮助开发者将协议规范转化为实际应用。

在深入探索 MCP SDK 之前，我们需要先理解 SDK 在软件开发生态中的重要角色及其历史演变。SDK 是一组用于开发特定平台或应用程序的工具、库和文档的集合，它连接起了开发者与平台底层技术，提供简化的接口和预定义的功能。

3.1　SDK 的发展历程

　　SDK 的概念可以追溯到计算机编程的早期阶段。但作为一项标准化实践，SDK 在 20 世纪 80 年代末至 90 年代初已开始广泛使用。这一时期，随着个人计算机和商业软件的快速发展，SDK 开始成为软件开发的重要基础设施。

　　Java SDK（最初称为 JDK，Java Development Kit）是最早且最具影响力的 SDK 之一，1995 年随 Java 语言一起推出。它为开发者提供了编译器、调试器、标准类库等工具，奠定了现代 SDK 的基本模式。随后，微软、苹果等公司也推出了自有平台的 SDK，如 Windows SDK 和 iOS SDK，这些工具包极大地降低了第三方开发者为平台创建应用程序的门槛。

　　随着互联网和云服务的兴起，SDK 的概念及应用发生了显著演进。从最初主要服务操作系统和编程语言，发展到今天几乎每个主要的 API 服务、云平台或 SaaS 产品都提供专属 SDK。例如，AWS、Google Cloud、Stripe、Twilio 等服务通常为多种编程语言提供 SDK，大大简化了与这些服务的集成过程。如今，SDK 已成为软件生态系统中不可或缺的组成部分，是连接技术平台与开发者社区的关键纽带。

3.2　SDK 的核心价值

　　SDK 的核心价值在于简化开发流程和提高开发效率。如果没有 SDK，开发者需要从零编写所有基础代码，理解底层协议的各项技术细节，处理所有的边界条件和异常情况。这种开发模式不仅需要耗费大量时间和精力，还容易引入错误。而 SDK 通过提供预定义函数和方法，使开发者可以直接调用系统功能。这种标准化的开发流程避免了大量重复性编码工作，同时显著提高了开发质量和效率。

　　古语有云，"工欲善其事，必先利其器"。在软件开发领域，选择合适的开发工具对项目成功具有决定性影响。MCP SDK 正是这样一套精心打造的专业工具集，它为开发者提供了创建 MCP 服务器的标准化方法和开发组件。借助 SDK 的封装能力，开发者无须深入理解底层协议细节，只需要将注意力集中在业务逻辑的实现和创新功能的开发上，便能高效地实现 MCP 的各项核心功能。

3.3　MCP 的多语言 SDK 生态

　　在软件开发领域，编程语言的多样性反映了不同应用场景和开发需求的丰富性。为适应这一趋势，MCP 社区构建了一个多语言 SDK 生态系统，支持多种主流编程语言，包括 Python、

TypeScript、Java 和 Kotlin。这种多语言支持策略确保开发者能够在熟悉的开发环境中工作，无须为了采用 MCP 而被迫切换技术栈。

本章将带领读者完成 MCP SDK 的快速入门，快速搭建开发环境并运行首个 MCP 应用。我们将详细介绍各种语言 SDK 的安装过程和基本配置，确保读者能够顺利开始 MCP 开发之旅。

此外，我们将通过一个完整的示例项目，演示如何使用 Python SDK 创建一个简单但功能完备的 MCP 服务器。该示例将涵盖服务器的创建、工具方法的定义和功能调用等基本操作，帮助读者直观而全面地理解 MCP 开发流程。

通过本章的学习，读者可以掌握 MCP SDK 的基本使用方法，能够根据自己的需求选择合适的 SDK，并开始使用 MCP 构建功能强大的 AI 应用，为后续深入学习和应用 MCP 奠定坚实的基础。

3.4　SDK 快速入门

良好的开端是成功的一半。本节将引导读者完成 MCP SDK 开发环境的准备工作，包括基础配置和工具安装，并通过一个简单而实用的示例，帮助读者快速掌握 MCP SDK 的基本用法。

在使用任何 SDK 进行开发前，开发者都需要完成 3 项基础准备工作，包括开发环境配置、依赖项安装和基础设置。MCP SDK 也不例外。接下来，我们将详细介绍不同语言 SDK 的安装方法，以及如何创建和运行你的第一个 MCP 应用程序。无论读者选择哪种编程语言，我们都会提供清晰的指导，帮助你顺利完成 MCP 开发的初始配置工作。

3.4.1　环境准备与安装

不同编程语言的 SDK 的安装方式和环境要求有所不同，这种多样性一方面反映了不同语言生态系统的特点，另一方面也为开发者提供了根据自己技术栈选择的灵活性。下面详细介绍各种语言 SDK 的安装步骤和环境要求，帮助你根据自己的需求选择合适的 SDK。

3.4.1.1　Python SDK 安装

Python 以其简洁的语法和强大的生态系统支持，在数据科学、机器学习和后端开发领域广受欢迎。作为 MCP 官方首批发布的 SDK 之一，Python SDK 提供了丰富完善的功能接口和详尽规范的配套文档，使开发者能够快速上手并构建功能强大的 MCP 应用。

Python SDK 的源代码托管于 GitHub 平台，这不仅保证了代码的透明度，还建立了完善的社区协作机制。开发者可以查看源代码、提交 issue 或贡献代码改进，共同推动 SDK 的发展。

1.uv 工具简介

在介绍 Python SDK 的安装方法之前，值得一提的是 uv 工具。uv 是一款基于 Rust 语言构建的高性能 Python 包管理工具，它能够替代传统的 pip、pip-tools、pipx、poetry 等多个工具，并提供 10~100 倍的性能提升。

uv 的设计理念是提供一个统一、高效的包管理解决方案，简化 Python 开发环境的管理。它凭借并行下载和安装机制、优化的依赖解析算法，以及 Rust 的高性能特性，大大加快了包安装和环境管理的速度。这对于大型项目开发或者复杂依赖关系处理尤为重要，可以显著缩短环境设置和依赖更新的时间。

uv 的详细入门教程可以参考 uv 的官方文档。这里强烈推荐希望优化开发工作流程的开发者尝试 uv。在本书的后续章节中，我们也会用到 uv 进行 Python 项目管理。

安装 uv 的过程非常简单，可以通过 curl 命令一键安装，无须预先安装 Rust：

```
curl -LsSf https://astral.sh/uv/install.sh | sh
```

也可以通过传统的 pip 安装方式：

```
pip install uv
```

本书的第 5 章会对使用 uv 管理 Python 项目进行更详细的介绍，包括项目初始化、依赖管理、虚拟环境管理等高级用法。

2. SDK 安装

安装 Python SDK 的过程非常简单，只需使用包管理工具执行一行命令即可。如果你选择使用 uv，可以运行以下命令：

```
uv add "mcp[cli]"
```

如果你更习惯使用传统的 pip，则可以运行以下命令：

```
pip install mcp
```

需要注意的是，Python SDK 要求 Python 版本为 3.10 或更高版本。

3.4.1.2 TypeScript SDK 安装

TypeScript 是 JavaScript 的超集，通过引入静态类型检查，为前端和 Node.js 开发提供了更高的代码质量和开发效率。MCP 的 TypeScript SDK 是官方发布的另一个 SDK，它提供了安全、现代化的开发体验，特别适合构建复杂应用。

TypeScript SDK 的源代码同样托管于 GitHub 平台，开发者可以查看源代码、报告问题或贡献代码改进。

安装 TypeScript SDK 可以通过多种主流的包管理工具完成，用户可以根据具体的项目设置选择合适的安装方式。

如果你的项目使用的包管理工具是 npm（Node Package Manager），则通过以下命令完成安装：

```
npm install @modelcontextprotocol/sdk
```

如果你的项目使用的是 yarn，则通过以下命令完成安装：

```
yarn add @modelcontextprotocol/sdk
```

TypeScript SDK 要求 Node.js 版本为 18 或更高版本。

3.4.1.3　Java SDK 安装

作为企业级应用开发的主力语言，Java 拥有强大的生态系统和广泛的应用场景。MCP 的 Java SDK 由 MCP 团队与 SpringAI 合作维护，为 Java 开发者提供了集成 MCP 功能的便捷方式。Java SDK 的源代码托管于 GitHub 平台。

在 Java 项目中，通常使用构建工具管理依赖关系，Java SDK 支持两种主流的构建工具：Maven 和 Gradle。

如果你的项目使用的是 Maven，则可以在 pom.xml 文件中添加以下依赖：

```
<dependency>
    <groupId>io.modelcontextprotocol.sdk</groupId>
    <artifactId>mcp</artifactId>
</dependency>
```

如果你的项目使用的是 Gradle，则可以在 build.gradle 文件中添加以下依赖：

```
implementation 'io.modelcontextprotocol.sdk:mcp'
```

Java SDK 要求 Java 版本为 17 或更高版本。

3.4.1.4　Kotlin SDK 安装

Kotlin 是一种现代编程语言，由 JetBrains 开发，在 Android 开发和服务器端的应用中越来越受欢迎。MCP 的 Kotlin SDK 由 MCP 官方与 JetBrains 团队共同维护，为 Kotlin 开发者提供了原生的 MCP 支持。Kotlin SDK 的源代码托管于 GitHub 平台。

在 Kotlin 项目中，通常使用 Gradle 作为构建工具。安装 Kotlin SDK 只需在 build.gradle (.kts) 文件中添加以下依赖：

```
implementation("io.modelcontextprotocol:kotlin-sdk:0.4.0")
```

3.4.2　Python MCP 服务器示例

掌握 SDK 的安装方法后，我们通过一个示例来体验 MCP SDK 的基本用法。该示例将使用 Python SDK 创建一个简单但功能完整的 MCP 服务器，实现基础的打招呼功能。通过这个示例，我们能够理解 MCP SDK 如何简化开发流程，使开发者能够专注于业务逻辑的实现。

需要说明的是，本示例旨在提供一个快速入门的体验，并不是一个完整的 MCP 服务器项目教程，目的是帮助读者建立对 Python SDK 开发 MCP 服务器的第一印象，了解基本的开发流程和模式。关于更完整、更深入的 MCP 服务器开发教程，我们将在后续章节中详细展开介绍。

创建一个名为 Greeting 的简单 MCP 服务器，该服务器只提供一个功能：定义名为 greet 的工具，它接收一个名字参数，并返回个性化的问候语。

首先，创建一个名为 server.py 的文件，内容如下：

```python
from mcp.server.fastmcp import FastMCP
# 创建一个 MCP 服务器实例
mcp = FastMCP("Greeting")
# 打招呼工具
@mcp.tool()
def greet(name: str) -> str:
    """Greet to the person with the given name"""
    return f" 你好，{name}!"
```

这段代码看似简单，却包含了 MCP 服务器开发的几个核心概念。

- **服务器实例创建**

通过 FastMCP 类创建一个 MCP 服务器实例，并为其命名为 "Greeting"。这个名称将用于标识服务器，并在连接和日志中显示。

- **工具定义**

使用 @mcp.tool() 装饰器将一个普通的 Python 函数 greet 转换为 MCP 工具。该装饰器将自动处理参数解析、类型检查和结果格式化等细节，使开发者能够专注于业务逻辑的实现。

- **工具文档**

函数的文档字符串 """Greet to the person with the given name""" 将自动成为工具的描述，帮助使用者与 LLM 理解工具的用途。

- **类型注解**

函数的参数和返回值都使用了 Python 的类型注解（name: str 和 -> str），这不仅提高了代码的可读性，也使 SDK 能够自动生成正确的参数模式（schema）。

编写完代码后，我们需要启动服务器以确保其功能可用。MCP Python SDK 提供了一个开发服务器和一个名为 Inspector 的调试工具，可以帮助我们快速测试服务器功能。使用以下命令可以启动服务器和 Inspector：

```
uv run mcp dev server.py
```

这个命令会启动 MCP 服务器，并同时运行 Inspector 工具，该工具默认运行在 http://localhost:5173，它提供了一个 Web 界面，用于连接和测试 MCP 服务器。

现在通过浏览器打开网页 http://localhost:5173，按表 3-1 所示设置参数，并单击图 3-1 所示的 Connect 按钮连接到 MCP 服务器。

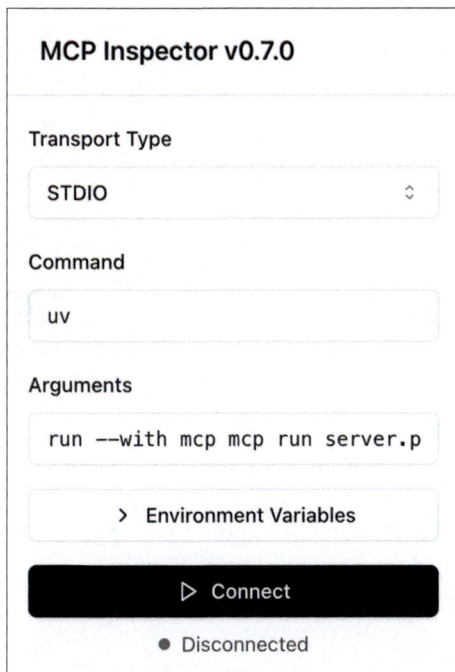

图 3-1

表 3-1　MCP Inspector 参数设置

参数名	参数值
Transport Type	STDIO
Command	uv
Argument	run --with mcp mcp run server.py

接下来，请参照如下步骤完成工具调用。

（1）单击 Tools 菜单项。

（2）单击 List Tools 按钮。

（3）单击 greet 工具。

（4）在右侧的 greet 工具表单中，在 name 字段中输入"小明"。

（5）单击 Run Tool 按钮。

（6）期望看到工具调用的结果显示："你好，小明！"，如图 3-2 所示。

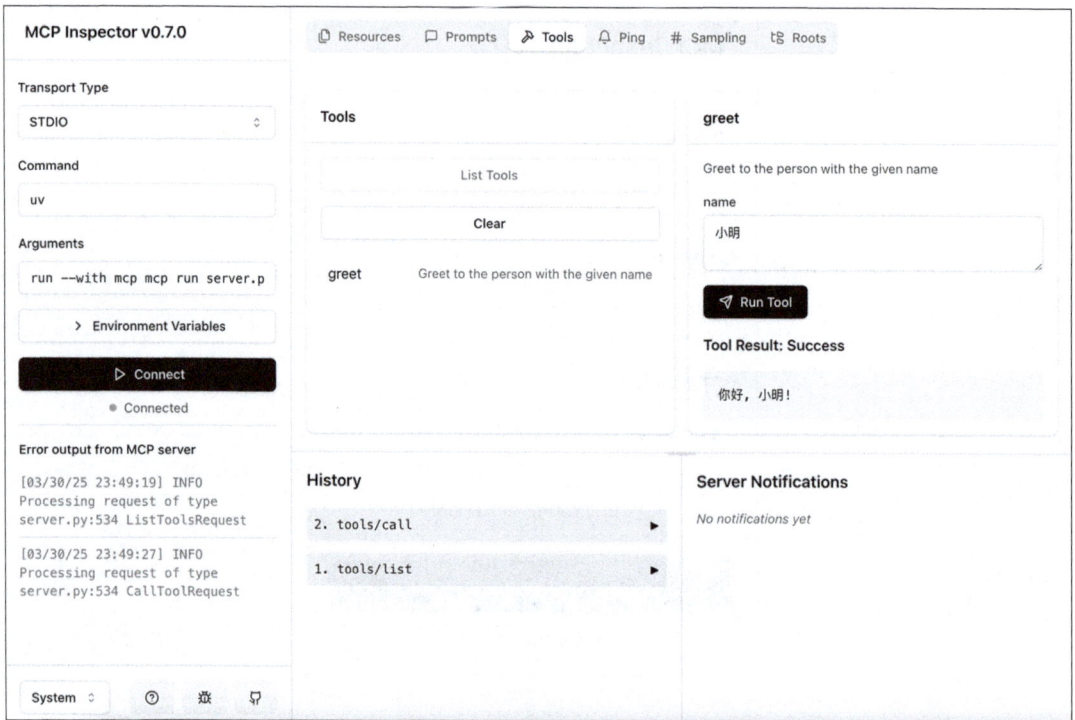

图 3-2

3.5 本章小结

本章详细介绍了 Python、TypeScript、Java 和 Kotlin 等不同编程语言的 MCP SDK 的安装方法与环境要求，并通过一个简单的 Python MCP 服务器示例展示了基本开发流程。

通过学习本章内容，读者可以掌握 MCP SDK 的基础知识，为后续的 MCP 应用开发奠定基础。

4

第 4 章
基于 Claude 桌面应用配置 MCP 服务器

前面介绍了 MCP 的基本概念、协议规范和 SDK 使用方法，帮助读者建立了对 MCP 的理论理解。本章将指导读者把这些知识应用到实际场景中，主要是如何在 Claude 桌面应用中配置 MCP 服务器，使 Claude 能够访问本地文件、网络内容等资源，扩展其功能范围。

> **小提示**
>
> 在本章中，除非明确声明，Claude 指的是 Claude 桌面应用程序，而非 Claude 网页版或 API 服务。

Claude 桌面应用是 Anthropic 开发的 AI 助手的本地版本（如图 4-1 所示），它的新版本已全面支持 MCP，允许用户通过简单的配置连接到各种 MCP 服务器。这种集成提供了强大的扩展能力，使 Claude 不仅能够理解和回应用户的问题，还能执行文件操作、网络请求等实际任务。

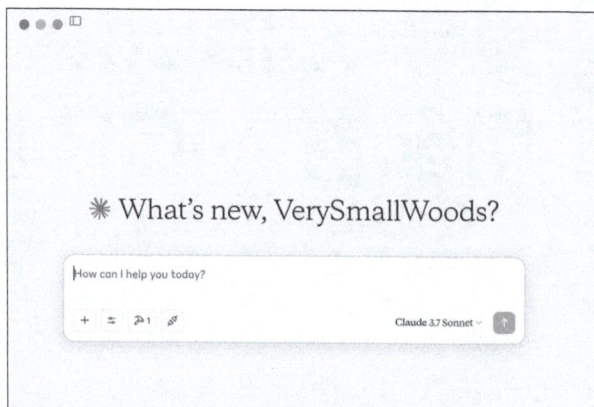

图 4-1

> **小提示**
>
> 在本书编写时期（2025 年春），Claude 桌面应用是适配 MCP 方面体验感最佳的客户端之一。本章围绕 Claude 桌面应用所讲解的内容仅作为技术演示，并非引导读者必须使用 Claude 桌面应用。
>
> 目前，在 AI 应用市场中，已有多款开源产品（如 Cherry Studio 等）能够提供几乎同等级别的 MCP 体验。建议读者在复现本书案例时，根据自身需求和偏好选择合适的 MCP 客户端。读者可参考本书配套资源中提供的《Cherry Studio MCP 实用教程》进行相关实践。

4.1 基础配置

在 Claude 桌面应用中，用户可以通过简单的配置连接到各种 MCP 服务器，扩展应用程序的能力边界。本节将介绍 Claude 应用的 MCP 基础配置步骤。

4.1.1 环境准备

在开始配置 Claude 应用之前，需要确保运行环境满足以下基本要求。

4.1.1.1　安装 Claude 桌面应用

首先，用户需要下载并安装最新版本的 Claude 桌面应用。Claude 桌面应用支持 macOS 和 Windows 操作系统，目前尚不支持 Linux。你可以从 Anthropic 官方网站下载适合版本。

如果已经安装了 Claude 桌面应用，需要确保它是最新版本。用户可以通过单击计算机上的 Claude 菜单并选择"检查更新"（Check for Updates）来更新应用，以保持最新版本。这不仅能够确保用户获得最新的功能，还能解决已知的问题，提高应用的稳定性。

4.1.1.2　安装 Node.js

Node.js 并不是 Claude 桌面应用运行的必要条件，但许多 MCP 服务器是基于 Node.js 开发的，包括本章将要介绍的文件系统服务器和 Fetch 服务器。因此，如果用户期望在 Claude 中配置和使用这些 MCP 工具，建议在计算机上安装 Node.js。

用户可以通过以下命令检查是否已安装 Node.js：

```
node --version
```

运行上述命令之后，如果返回结果为类似 v18.16.0 的版本号输出，说明当前计算机已经安装了 Node.js。如果返回结果为"命令未找到"（command not found）或"node 无法识别"（node is not recognized）的错误，则需要安装 Node.js。

用户可以访问 Node.js 官网下载并安装适合的版本。对于大多数用户，建议选择 LTS（长期支持）版本，因为它能够提供更稳定的使用体验。

4.1.1.3　准备 MCP 服务器

用户可以根据自己的需求选择合适的 MCP 服务器。官方维护的 MCP 服务器资源代码仓库提供了极佳的服务器资源信息，如文件系统服务器、数据库服务器、fetch 服务器等。当然，用户也可以使用自己开发的 MCP 服务器。

本章主要介绍文件系统服务器和 fetch 服务器的配置和使用，这两种服务器分别提供了文件操作和网络内容获取的能力，是扩展 Claude 功能的常用工具。

4.1.2　初始化配置

Claude 桌面应用通过配置文件来管理 MCP 服务器连接，这种方式既灵活又强大，允许用户根据自己的需求自定义 Claude 的功能扩展。接下来，我们将详细介绍如何创建和编辑这个配置文件。

4.1.2.1　创建配置文件

初次完成 Claude 桌面应用安装时，用户需要按照以下步骤手动创建配置文件。

（1）打开 Claude 桌面应用。

（2）单击菜单并选择"设置"（Settings），如图 4-2 所示。

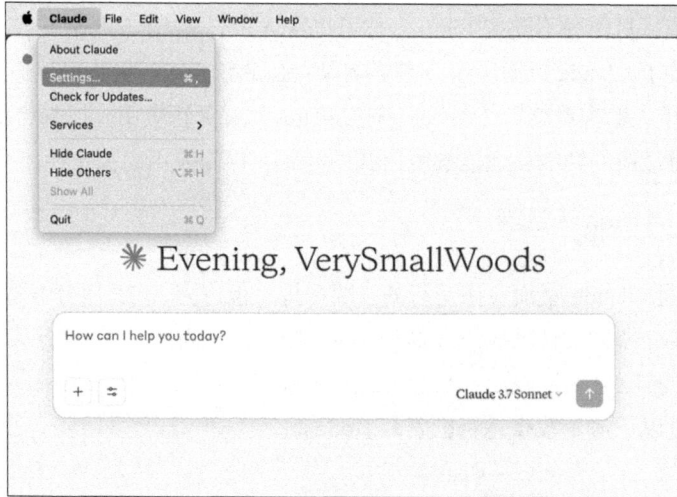

图 4-2

（3）导航到"开发者"（Developer）选项卡，如图 4-3 所示。

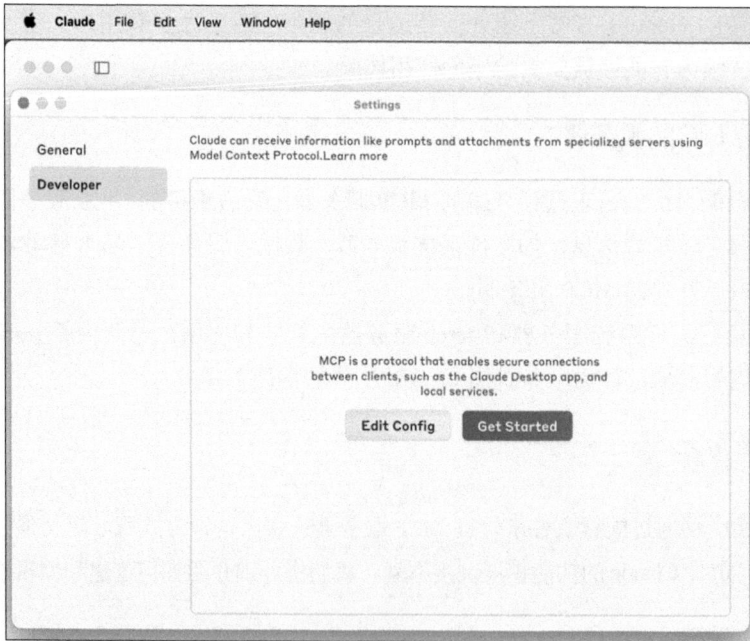

图 4-3

（4）单击"编辑配置"（Edit Config）按钮，如图 4-4 所示。

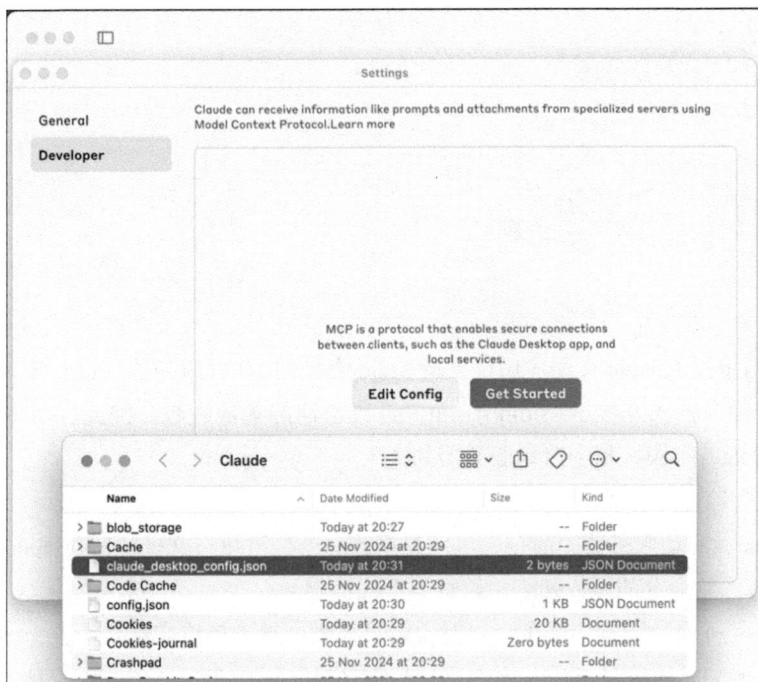

图 4-4

单击"编辑配置"（Edit Config）按钮后，Claude 将创建一个名为 claude_desktop_config.json 的配置文件，并在系统默认文本编辑器中打开它。如果文件已经存在，则会直接打开该文件。

配置文件的位置因操作系统而异：

• 在 macOS 中，配置文件位于 ~/Library/Application Support/Claude/claude_desktop_config. json；

• 在 Windows 中，配置文件位于 %APPDATA%\Claude\claude_desktop_config.json。

用户可以在文本编辑器中直接编辑这个文件，添加或修改 MCP 服务器配置。需要注意的是，每次修改配置后，都需要重新启动 Claude 桌面应用，以使新的配置生效。

4.1.2.2　基本配置结构

Claude 配置文件使用 JSON 格式，包含 mcpServers 字段，用于定义要连接的 MCP 服务器。每个服务器都有一个唯一的名称和相应的配置参数。其基本结构如下：

```
{
  "mcpServers": {
    "serverName1": {
```

```
    "command": "命令 ",
    "args": [" 参数 1", " 参数 2", ...],
    "env": {
      "ENV_1": "VALUE_1"
    }
  },
  "serverName2": {
    "command": "命令 ",
    "args": [" 参数 1", " 参数 2", ...]
  }
  }
}
```

在编写本书时，Claude 桌面应用仅支持 Stdio 类型的 MCP 服务器，这意味着服务器必须是一个可以通过标准输入 / 输出（stdin/stdout）进行通信的本地进程。因此，每个服务器配置都必须包含 command 字段，指定启动服务器的命令。

服务器配置包含以下字段。

- command：启动服务器的命令，可以是系统命令、可执行文件的路径或 npm 包名。
- args：传递给命令的参数列表，以数组形式提供。
- env：环境变量（可选字段），以对象形式提供，键为环境变量名，值为环境变量值。

这种配置结构既简单又灵活，允许用户连接各种不同类型的 MCP 服务器，满足不同的需求。下面将介绍一些常用 MCP 服务器的具体配置方法。

4.2 MCP 服务器配置实例

了解了基本的配置结构后，我们来看一些实际的 MCP 服务器配置实例。不同类型的 MCP 服务器有不同的配置参数和选项，通过学习这些服务器的配置和使用方法，用户可以更好地理解 MCP 的工作原理，并根据自己的需求选择或开发合适的服务器。

本节将详细介绍两个常用的 MCP 服务器——文件系统服务器和 fetch 服务器。这两个服务器分别提供了文件操作和网络内容获取的能力，是扩展 Claude 功能的常用工具。

4.2.1 文件系统服务器

文件系统（filesystem）服务器是一个功能强大的 MCP 服务器，它提供了一系列文件和目录操作工具，使 Claude 能够读取、创建、修改和管理本地文件系统中的文件和目录。这个服务器的源代码托管于 GitHub 平台。

有兴趣的读者可以查看源代码，进一步了解其工作原理。

4.2.1.1 简介

文件系统服务器接受一组文件夹路径作为参数，并为这些指定的文件夹提供访问权限。它提供了丰富的文件操作功能，包括：

- 读写文件内容；
- 查询、创建、删除文件夹；
- 移动文件或文件夹；
- 检索文件；
- 读取文件元数据。

具体来说，它提供了以下 MCP 工具。

- read_file：读取指定文件的内容。
- read_multiple_files：同时读取多个文件的内容。
- write_file：创建新文件或覆盖现有文件。
- edit_file：修改现有文件的内容。
- create_directory：创建新目录。
- list_directory：列出指定目录中的文件和子目录。
- move_file：移动或重命名文件或目录。
- search_files：在允许的目录中搜索文件。
- get_file_info：获取文件的元数据（如大小、修改时间等）。
- list_allowed_directories：列出服务器允许访问的所有目录。

运行文件系统服务器的基本命令格式为：

```
npx -y @modelcontextprotocol/server-filesystem [目录1] [目录2] ...
```

其中，[目录1] [目录2] ... 是希望服务器能够访问的文件夹路径列表。例如：

```
npx -y @modelcontextprotocol/server-filesystem /Users/username/Documents /Users/username/Projects
```

上述命令指定文件系统服务器具有以下目录的访问权限：

```
/Users/username/Documents
/Users/username/Projects
```

在 Claude 配置文件中，这个命令会被拆解为 command 和 args 两部分：

```
{
  "mcpServers": {
    "filesystem": {
      "command": "npx",
      "args": [
        "-y",
        "@modelcontextprotocol/server-filesystem",
        "/Users/username/Documents",
```

```
            "/Users/username/Projects"
        ]
    }
  }
}
```

在上述配置中：

- "filesystem" 是服务器的名称，可以自定义；
- "command": "npx" 用于指定使用 npx 命令（Node.js 的包执行工具）；
- "args" 数组包含传递给 npx 命令的参数：
  - -y 表示自动确认安装依赖；
  - @modelcontextprotocol/server-filesystem 是服务器的 npm 包名；
  - 后面的路径是允许服务器访问的目录。

4.2.1.2　演示

下面通过一个示例来演示文件系统服务器的配置和使用。在这个示例中，我们将配置 Claude 访问一个特定目录，并读取和修改该目录中的文件。

首先，准备一个测试目录和文件：

（1）创建目录 /Users/wyang14/Documents/MCPRoot/（用户可以根据操作系统修改路径）；

（2）在该目录中创建一个文本文件 hello-world.txt，内容为 "Hello World!"。

接下来，在 Claude 桌面应用的配置文件中添加以下文件系统服务器配置：

```
{
    "mcpServers": {
        "filesystem": {
            "command": "npx",
            "args": [
                "-y",
                "@modelcontextprotocol/server-filesystem",
                "/Users/wyang14/Documents/MCPRoot/"
            ]
        }
    }
}
```

请确保将路径修改为目前操作系统中的实际路径。保存配置文件后，重新启动 Claude 桌面应用以使配置生效。

启动 Claude 后，用户可以通过单击消息输入框下的工具图标查看可用工具，如图 4-5 所示。

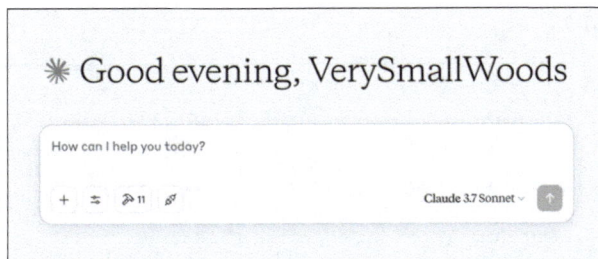

图 4-5

单击工具图标后，用户应该能够看到文件系统服务器提供的所有工具列表，如图 4-6 所示。

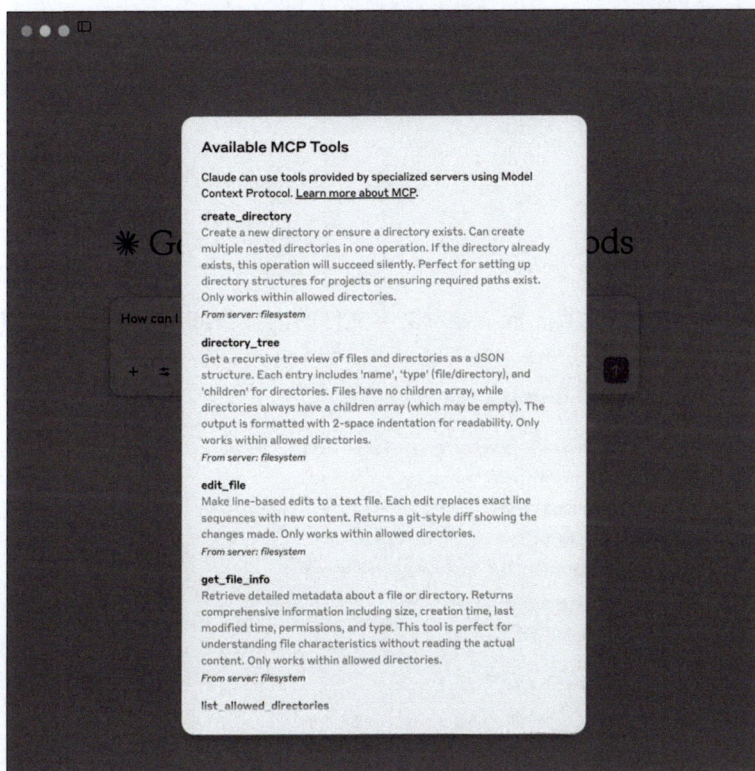

图 4-6

关闭工具列表后，用户可以开始与 Claude 对话，测试文件系统功能。

示例 1：列出目录内容

向 Claude 发送消息：

请列出 MCPRoot 目录的所有文件

Claude 会调用 list_allowed_directories 和 list_directory 工具，成功列出目录中的唯一文件

hello-world.txt，如图 4-7 所示。

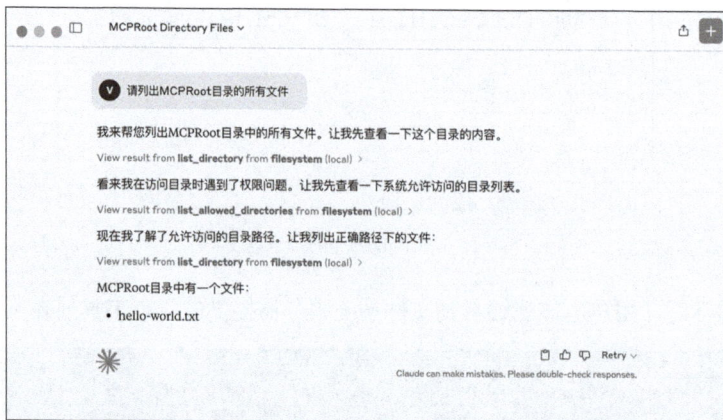

图 4-7

示例 2： 读取文件内容

向 Claude 发送消息：

查看该文件的内容

Claude 会调用 read_file 工具，成功显示文本文件的内容 "Hello World!"，如图 4-8 所示。

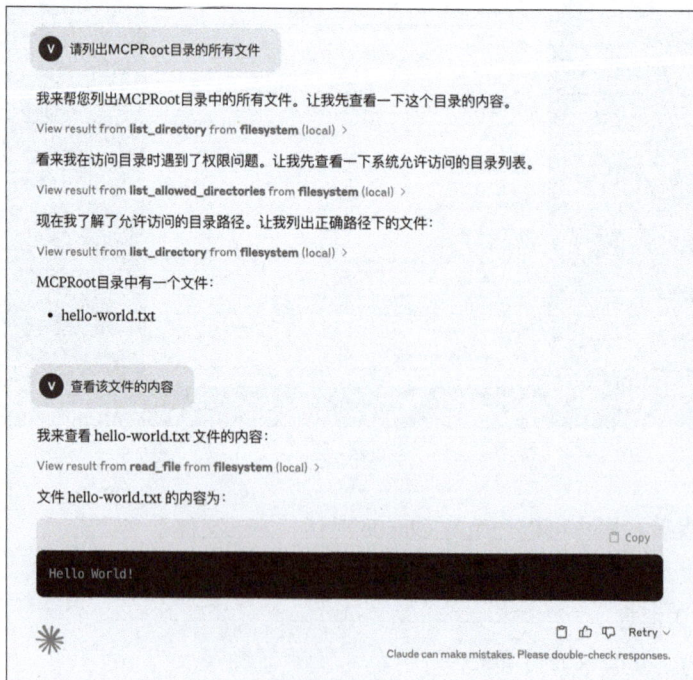

图 4-8

示例 3： 修改文件内容

向 Claude 发送消息：

修改文件内容为 Hello MCP!

Claude 会调用 write_file 工具，成功修改文件 hello-world.txt 的内容为 "Hello MCP!"，如图 4-9 所示。

图 4-9

通过这个简单的演示，我们可以看到 Claude 能够通过文件系统服务器与本地文件系统进行交互，执行读取、列出和修改文件等操作。这极大地扩展了 Claude 的能力边界，帮助用户高效处理本地文件，成为更强大的智能助手。

4.2.2　Fetch 服务器

Fetch 服务器也是一个非常有用的 MCP 服务器，它使 Claude 能够访问互联网上的内容，获取网页、API 数据和其他在线资源。这个服务器的源代码同样托管于 GitHub 平台。

4.2.2.1　简介

Fetch 服务器使 Claude 具有访问互联网内容的能力，这对于获取最新信息、参考在线文档或访问 API 数据等场景非常实用。该服务器提供以下主要功能：

- 获取网页内容；
- 将 HTML 内容转换为 Markdown 格式（可选）；
- 限制返回内容的长度；
- 从指定的字符索引开始返回内容。

它提供唯一的 MCP 工具，即 fetch，该工具接受以下参数。

- url：要获取的 Web 内容 URL（必选）。
- max_length：返回内容字符的最大长度（可选，默认为 5000）。
- start_index：Web 内容截取的开始位置（可选，默认为 0）。
- raw：是否返回原始内容格式（可选，默认为 false，即转换为 Markdown）。

运行 Fetch 服务器的命令如下所示：

```
uvx mcp-server-fetch
```

在 Claude 配置文件中，这个命令会被拆解为如下格式：

```
{
  "mcpServers": {
    "fetch": {
      "command": "uvx",
      "args": [ "mcp-server-fetch" ]
    }
  }
}
```

4.2.2.2　演示

下面通过一个示例来演示 Fetch 服务器的配置和使用。在这个示例中，我们将配置 Claude 使用 Fetch 服务器获取网页内容，然后结合之前配置的文件系统服务器将内容保存到本地文件。

首先，在 Claude 桌面应用的配置文件中添加以下配置，整合文件系统服务器和 Fetch 服务器：

```
{
    "mcpServers": {
        "filesystem": {
            "command": "npx",
            "args": [
                "-y",
                "@modelcontextprotocol/server-filesystem",
                "/Users/wyang14/Documents/MCPRoot/"
            ]
        },
        "fetch": {
            "command": "uvx",
            "args": [
                "mcp-server-fetch"
            ]
        }
    }
}
```

确保将路径修改为操作系统中的实际路径，保存配置文件后，重新启动 Claude 桌面应用以使配置生效。

启动 Claude 后，单击消息输入框下的工具图标查看可用的工具，此时界面应该展示包含 fetch 在内的工具列表，如图 4-10 所示。

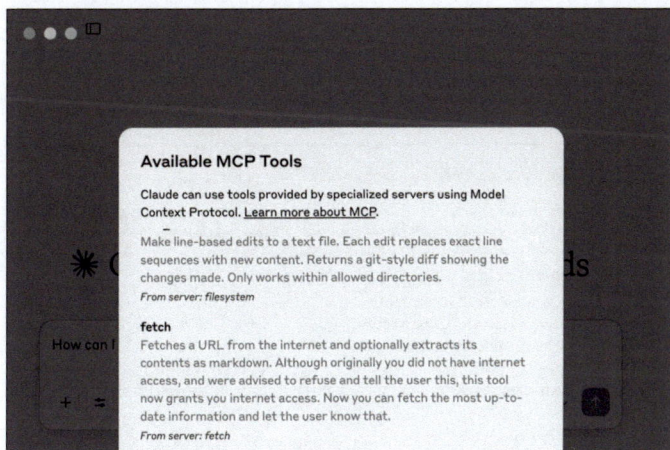

图 4-10

接下来，我们通过对话测试 Fetch 的功能。

示例 1： 获取网页内容

向 Claude 发送消息：

请抓取 https://modelcontextprotocol.io/introduction 页面内容

Claude 会调用 fetch 工具，成功获取并展示页面内容，如图 4-11 所示。

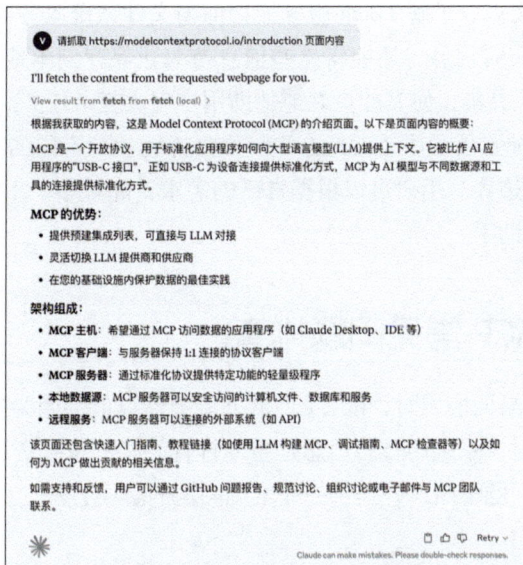

图 4-11

示例 2： 处理并保存网页内容

向 Claude 发送消息：

回答什么是 MCP？并将内容用一个新文本文件保存到 MCPRoot 目录中。

Claude 会根据之前获取的页面内容回答问题，然后调用文件系统服务器的 write_file 工具，将内容写入新文件 MCP 介绍 .txt 中，并保存在 MCPRoot 目录中，如图 4-12 所示。

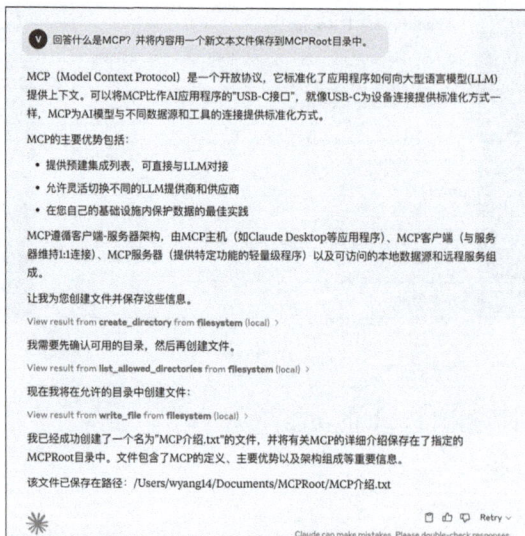

图 4-12

通过以上示例，我们可以了解 Fetch 服务器如何与文件系统服务器协同工作，允许 Claude 不仅能获取互联网上的实时信息，还能将这些信息持久化保存到本地文件系统中。这为 AI 应用提供了功能更强大的工具集，使其能更好地辅助用户完成复杂任务。

这种服务器组合的配置展示了 MCP 的一个重要特性——不同的 MCP 服务器可以协同工作，共同扩展 AI 的能力边界。用户可以根据自己的需求，配置多个不同类型的 MCP 服务器，创建一个功能丰富的 AI 助手。

4.3 Claude MCP 常见问题排查

在日常使用 Claude 桌面应用时，配置的 MCP 服务器可能会因为各种原因出现异常，无法正常工作。当遇到问题时，系统的日志信息是帮助排查问题的重要资源。本节将介绍如何使用 Claude 的日志文件进行问题诊断，并提供一些常见问题的解决方法。

4.3.1 Claude 日志文件

Claude 与 MCP 相关的日志记录会写入特定的日志文件目录中。这些日志文件包含 MCP 连接和服务器运行的详细信息,是排查问题时的重要工具。

日志文件的位置因操作系统而异:

- 在 macOS 中,日志文件位于 ~/Library/Logs/Claude;
- 在 Windows 中,日志文件位于 %APPDATA%\Claude\logs。

日志文件主要分为以下两类。

- MCP 连接的常规日志

这类日志文件名为 mcp.log,它包含关于 MCP 连接建立、连接失败、服务器初始化等常规日志信息。当 MCP 连接出现问题时,首先需要查看 MCP 连接的常规日志文件。

- MCP 服务器特定的日志

这类日志文件名为 mcp-server-SERVERNAME.log,其中 SERVERNAME 是配置文件中定义的服务器名称。这些日志文件包含特定服务器的标准错误(stderr)输出,对于排查服务器本身的问题特别有用。

4.3.2 MCP 问题排查示例

在 MCP 服务器配置中,最常见的问题之一是命令不可用。这通常是由于命令路径不正确、依赖项未安装或环境变量设置不当导致的。接下来,我们通过一个具体的示例来说明如何排查和解决这类问题。

```
{
    "mcpServers": {
        "fetch": {
            "command": "uvx",
            "args": [
                "mcp-server-fetch"
            ]
        }
    }
}
```

在某些操作系统中,当 Claude 桌面应用启动时,可能会出现错误提示(例如,MCP fetch: spawn uvx ENOENT),如图 4-13 所示。看到错误提示后,我们可以按照以下步骤定位和解决问题。

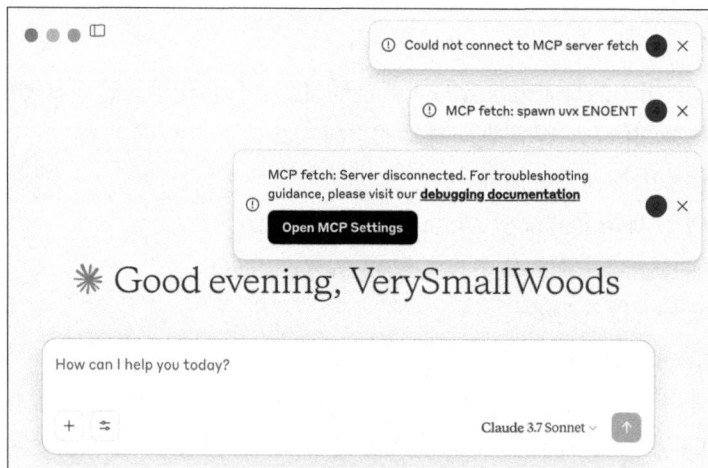

图 4-13

步骤 1：查看 MCP 常规日志

打开 ~/Library/Logs/Claude/mcp.log 文件（macOS 系统），用户可能会看到类似的错误日志：

```
2025-03-29T20:36:54.415Z [info] [fetch] Initializing server…
2025-03-29T20:36:54.437Z [error] [fetch] spawn uvx ENOENT
2025-03-29T20:36:54.437Z [error] [fetch] spawn uvx ENOENT
2025-03-29T20:36:54.441Z [info] [fetch] Server transport closed
2025-03-29T20:36:54.441Z [info] [fetch] Client transport closed
```

这些日志信息表明，问题在于系统找不到 uvx 命令（ENOENT 表示 "Error NO ENTry" 或 "No such file or directory"）。换句话说，uvx 命令不存在或不存在于系统的 PATH 环境变量中。

步骤 2：查看服务器特定日志

以 macOS 操作系统为例，打开 ~/Library/Logs/Claude/mcp-server-fetch.log 文件，你可能会看到类似的错误信息：

```
  2025-03-29T20:36:54.437Z [fetch] [error] spawn uvx ENOENT {"context":"connection"
,"stack":"Error: spawn uvx ENOENT\n    at ChildProcess._handle.onexit (node:internal/
child_process:285:19)\n    at onErrorNT (node:internal/child_process:483:16)\n    at
process.processTicksAndRejections (node:internal/process/task_queues:82:21)"}
  2025-03-29T20:36:54.437Z [fetch] [error] spawn uvx ENOENT {"stack":"Error:
spawn uvx ENOENT\n    at ChildProcess._handle.onexit (node:internal/child_
process:285:19)\n    at onErrorNT (node:internal/child_process:483:16)\n    at
process.processTicksAndRejections (node:internal/process/task_queues:82:21)"}
  2025-03-29T20:36:54.441Z [fetch] [info] Server transport closed
  2025-03-29T20:36:54.441Z [fetch] [info] Client transport closed
```

这进一步证实了问题在于 uvx 命令不存在或不可访问。

步骤 3：修复问题

这类问题有两种常见原因：

- uv 工具尚未安装；

- 由于环境变量设置，Claude 桌面应用无法找到 uvx 可执行文件。

常规的解决方案如下所示。

- 如果 uv 工具尚未安装，请参考第 3.4.1.1 小节，完成 uv 工具的安装。

- 如果 uv 工具已经安装，但 Claude 找不到它，则可以在配置中使用 uvx 的绝对路径。例如：

```
{
    "mcpServers": {
        "fetch": {
            "command": "/Users/username/.local/bin/uvx",
            "args": [
                "mcp-server-fetch"
            ]
        }
    }
}
```

确保将路径修改为目前操作系统中 uvx 的实际位置，用户可以通过在终端中运行命令 which uvx（macOS/Linux）或 where uvx（Windows）找到 uv 工具的路径。

步骤 4：重启 Claude 桌面应用

修改配置文件后，保存并重启 Claude 桌面应用以应用新的配置。现在，Fetch 服务器应该能够正常工作。

通过这个示例，我们可以看到日志文件对于排查 MCP 问题的重要性。当遇到 MCP 服务器加载或运行问题时，日志文件通常会提供有价值的线索，帮助用户快速定位和解决问题。

4.4　本章小结

本章介绍了如何在 Claude 桌面应用中配置和使用 MCP 服务器，包括基础配置步骤、常用服务器配置实例和常见问题的排查和解决方法。我们详细讲解了文件系统服务器和 Fetch 服务器的配置与使用，通过实例展示了这些服务器如何扩展 Claude 的能力，使其能够访问本地文件和网络内容。

通过本章的学习，读者能够根据自己的需求配置 MCP 服务器，使 Claude 从纯粹的对话式 AI 转变为能够执行实际操作的智能助手。

5

第 5 章

MCP 服务器开发指南

前面介绍了 MCP 的基本概念、协议规范、SDK 使用方法，以及如何在
Claude 应用中配置 MCP 服务器。本章将深入探讨 MCP 服务器的开发实践，
指导读者构建自定义的 MCP 服务器，从而为 LLM 扩展特定的功能和资源。

5.1　MCP 服务器开发基础

MCP 服务器是 MCP 生态系统中的核心组件之一，它不仅扩展了 LLM 的能力边界，更重要的是为 LLM 提供了与现实世界交互的桥梁。借助 MCP 服务器，LLM 能够获取实时数据、调用专业工具、操作外部系统，从而更好地服务于实际应用场景。

从数据访问的角度来看，MCP 服务器可以突破 LLM 的知识时效限制。无论是查询实时的市场数据，获取最新的新闻资讯，还是检索专业的知识库，MCP 服务器都能确保 LLM 基于最新、最相关的信息来响应用户需求。例如，一个金融服务场景中的 MCP 服务器可以为 LLM 提供实时的股票价格、市场分析报告和财经新闻，使其能够提供更准确的投资建议。

在功能增强方面，MCP 服务器可以为各种专业工具提供智能化操作接口。设计师可以通过 MCP 服务器调用 3D 建模工具，以自然语言交互方式快速完成模型设计。在软件开发领域，MCP 服务器则可以集成代码分析、版本控制等开发工具，使 LLM 能够更好地协助开发者进行编程工作。

在系统集成方面，MCP 服务器为信息系统提供了统一的 AI 能力集成接口。现代企业积累的各类的信息系统均可以通过 MCP 服务器与 LLM 实现无缝对接，实现工作流程的自动化。通过电子邮件、即时消息等通信渠道，MCP 服务器还能帮助 LLM 主动与用户互动，及时推送重要信息。通过开发定制化的 MCP 服务器，我们能够使 LLM 更好地服务于特定的业务场景，创造更大的应用价值。

接下来，我们将详细介绍如何开发 MCP 服务器。在本节中，我们将首先了解 Python 模块开发的一些基础知识，为后续的 MCP 服务器开发奠定基础。然后，我们将探讨 MCP 服务器的基本架构和开发流程，为实践应用做好准备。

5.1.1　模块与包的概念

在 Python 生态系统中，模块和包是组织代码的基本单位。理解这些概念对于开发结构良好、易于维护的 MCP 服务器至关重要。

Python 中的模块是包含 Python 定义和语句的 .py 文件，它将相关的代码组织在一起，形成一个逻辑单元。而包则是一个包含多个模块的目录结构，它提供了一种更高级别的组织方式，能够将相关的模块进行逻辑分组。

当开发一个相对完整的功能时，通常需要创建专门的包。例如，我们即将开发的 MCP 服务器项目，就需要创建一个名为 mcp-seniverse-weather 的包。

5.1.1.1　PyPI 简介

在 Python 生态系统中，PyPI（Python Package Index，Python 包索引）扮演着核心角色。它是 Python 官方的包仓库，就像一个巨大的软件应用商店。当开发者使用 pip install 命令安装 Python 包时，pip 会从 PyPI 上下载相应的包。

开发者也可以将自己开发的包发布到 PyPI 上，这样全世界的 Python 开发者都可以通过简单的 pip 命令来安装和使用我们的包。例如我们在开发 MCP 服务器时使用的 MCP 包，就可以发布到 PyPI，供所有开发者使用。

5.1.1.2　包的命名规则

在 Python 开发实践中，存在两种命名方式——带连字符的名称（如 mcp-greeting）和带下划线的名称（如 mcp_greeting）。这两种命名方式并非随意选择，而是遵循特定的使用规范。

• 带连字符的名称（mcp-greeting）常用于包的发布名称，定义在 pyproject.toml 配置文件中，这是包在 PyPI 上的正式名称，也是用户使用 pip 安装时使用的标识符。

• 带下划线的名称（mcp_greeting）常用于 Python 代码中的导入语句，因为 Python 的语法规范不允许在标识符中使用连字符。

5.1.1.3　包的基本结构

一个标准的 Python 包通常包含以下文件：

```
mcp-greeting/
├──  pyproject.toml      # 包的配置文件
├──  README.md           # 项目说明文档
└──  mcp_greeting/       # 实际的 Python 包目录
     ├──  __init__.py    # 包的初始化文件
     ├──  __main__.py    # 用于 python -m 执行的入口
     └──  server.py      # 具体功能实现
```

在上述文件中，__main__.py 是一个特殊的文件，它使 Python 包可以通过 python -m 的方式运行。这个文件的名字是固定的，Python 会检索这个文件作为模块执行的入口。

5.1.1.4　两种运行方式

Python 包支持两种运行方式，它们实际上都指向同一个入口函数，只是调用方式不同：

• python -m mcp_greeting
• uvx mcp-greeting

第一种方式 python -m mcp_greeting 是 Python 的标准模块执行方式。当用户输入这个命令时，Python 会找到 mcp_greeting 包，并执行其中的 __main__.py 文件。

第二种方式 uvx mcp-greeting 则是通过包的"入口点"（entry point）来执行。这个入口点是在 pyproject.toml 中定义的：

```
[project.scripts]
mcp-greeting = "mcp_greeting:main"
```

这行配置告诉包管理器：当用户执行 uvx mcp-greeting 时，就调用 mcp_greeting 包中的 main 函数。

5.1.1.5　项目应用

在开发 MCP 服务器时，Python 包结构为项目带来了很大的灵活性。开发可以使用 python -m 的方式直接运行和调试代码，而在生产环境中部署时使用更简洁的 uvx 命令。两种方式的本质功能相同，都能正常启动 MCP 服务器，只是调用路径略有不同。

这种模块在组织方式不仅适用于 MCP 服务器的开发，也是 Python 包开发的最佳实践之一。通过这种方式，我们的代码结构清晰，便于维护，也便于其他开发者理解和使用。

MCP fetch 服务器正是基于 Python 实现的，并提供了这两种安装运行方式，详情请参考 MCP fetch 服务器的安装文档。

基于 uvx 的安装配置如下：

```
"mcpServers": {
  "fetch": {
    "command": "uvx",
    "args": ["mcp-server-fetch"]
  }
}
```

基于 Python 的安装配置如下：

```
"mcpServers": {
  "fetch": {
    "command": "python",
    "args": ["-m", "mcp_server_fetch"]
  }
}
```

在接下来的章节中，我们将基于这种项目结构，逐步构建一个完整的 MCP 服务器。

5.2　开发一款天气预报 MCP 服务器

在第 2 章中，我们介绍了 MCP 的核心概念与相关组件。在本章中，我们将深入探讨 MCP 工具的开发，因为它是 MCP 服务器最常用的功能之一。我们将开发一款天气预报 MCP 服务器，提供基于城市名查询当前天气情况的功能，我们将其命名为 mcp-seniverse-weather。

5.2.1　环境准备

在着手开发 MCP 服务器之前，开发者需要准备好开发环境。MCP 支持多种编程语言，包括 Python、TypeScript、Java 和 Kotlin 等。本节的开发工作基于 Python SDK。

以下是开发环境要求：

- Python 3.10 或更高版本；
- MCP Python SDK 1.6.0；
- 推荐使用 uv 管理 Python 项目；
- 如果需要，还可以创建 PyPI 账号，以发布 Python 包。

5.2.2　服务器开发流程

开发 MCP 服务器通常遵循以下流程，这种结构化流程可以帮助开发者有序地完成开发工作。

（1）需求分析：确定服务器需要提供哪些功能和资源。

（2）环境设置：准备开发环境，安装必要的依赖项。

（3）服务器实现：编写代码实现服务器功能。

（4）测试与调试：测试服务器功能，确保其能够正常工作。

（5）部署与集成：将服务器部署到目标环境，并与 LLM 客户端集成。

现在我们开始按照该流程逐步完成 mcp-seniverse-weather 开发。

5.2.2.1　需求分析

根据本小节的定义，mcp-seniverse-weather 提供的功能是基于指定的城市名返回当前的天气情况。根据调研，心知天气提供了完善的天气信息 API 支持。心知天气的 Seniverse API 功能包括：

- 天气实况；
- 城市级天气预报；
- 历史天气分析；
- 气象灾害与突发事件预警信息；
- 城市生活指数等。

现在，我们已经准备好了开发 mcp-seniverse-weather 所必需的 API 接口。

基于以上需求分析，我们可以通过时序图来更直观地理解整个天气查询的业务流程，如图 5-1 所示。

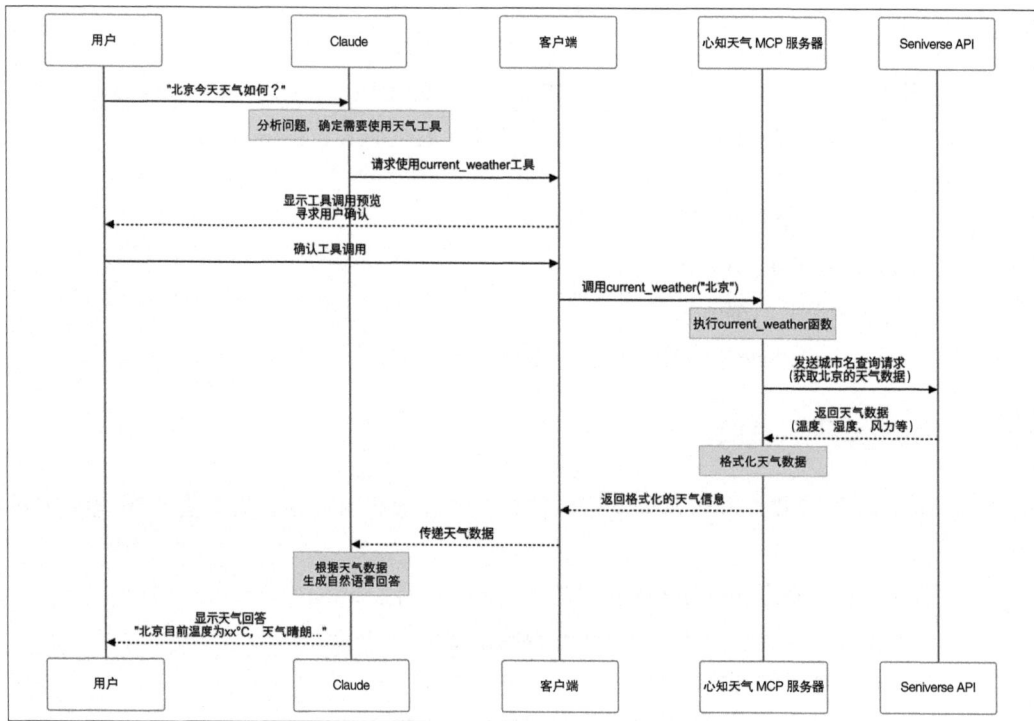

图 5-1

这个时序图展示了从用户提问到获得天气信息的完整流程。

（1）首先，用户向 Claude 提出天气查询请求，例如"北京今天天气如何？"。

（2）Claude 分析用户的问题，判断需要使用天气工具来回答。

（3）Claude 通过客户端请求使用 current_weather 工具，并等待用户确认。

（4）用户确认工具调用后，客户端将请求发送到心知天气 MCP 服务器。

（5）MCP 服务器执行 current_weather 函数，向心知天气的 Seniverse API 发送请求，获取该地址的详细天气数据。

（6）MCP 服务器将 API 返回的原始数据格式化为结构化的天气信息。

（7）格式化后的天气数据通过客户端返回给 Claude。

（8）Claude 根据天气数据生成自然语言回答。

最终，用户可以看到关于北京天气的详细回答。

通过这个流程，我们可以看到 MCP 服务器在整个过程中扮演着关键角色，它负责处理天气数据获取的复杂逻辑，对 Claude 和用户隐藏这些细节，最终提供简洁实用的天气信息。这种架构使 Claude 能够专注于理解用户意图和生成自然语言回答，而无须关心如何获取和处理天气数据的技术细节。更为重要的是，当天气 API 升级时，我们还可以按需调整 Server 所提供的工具，为 MCP 客户端提供更加强大的功能，而客户端则不需要做任何改动。

5.2.2.2　环境设置

在开始准备开发环境前，我们需要前往心知天气官方网站完成注册，如图 5-2 所示。

图 5-2

登录用户前往控制台创建自己的 API Key。在 API 调用中，我们将用到私钥，如图 5-3 所示。

图 5-3

一切准备就绪，我们就可以开始 mcp-seniverse-weather 项目的开发了。每个项目都需要一个专属文件夹来管理代码，因此，我们需要创建项目目录 mcp-seniverse-weather。

我们使用 uv 来管理这个 Python 项目。首先进入项目目录，并执行 uv init 命令，初始化该 Python 项目。

```
cd mcp-seniverse-weather
uv init
```

这时，Python 会生成如下目录与文件结构：

```
mcp-seniverse-weather/
├── .gitignore    # 定义 git 代码管理中忽略的文件和文件夹
├── .python-version # 项目 Python 版本
├── hello.py       # 初始化时生成的默认项目脚本
├── pyproject.toml  # Python 项目配置文件
├── README.md       # 项目文档
```

现在我们已经成功搭建了一个标准的 Python 项目框架，这个项目将用于开发天气预报查询功能。我们要开发的 MCP 服务器是一个 Python 包，在完成开发后，我们可以将其发布到 Python 包管理站点（比如 PyPI），供广大开发者与用户使用。

因此，我们需要对项目进行适当调整，以符合 Python 包的开发需求。首先，在项目目录中创建子目录 mcp_seniverse_weather，并在目录中创建如下 Python 文件：

- __init__.py
- __main__.py
- server.py

我们会在后续填充这些脚本的内容，并对它们的作用做简单介绍。

作为 Python 项目的核心配置文件，pyproject.toml 也需要进行如下调整：

```
[build-system]
requires = ["hatchling"]
build-backend = "hatchling.build"
[project]
name = "mcp-seniverse-weather"
version = "1.0.0"
description = "Weather Forecast MCP Server Powered by Seniverse"
readme = "README.md"
requires-python = ">=3.10"
dependencies = [
    "mcp[cli]>=1.6.0"
]
[project.scripts]
mcp-seniverse-weather = "mcp_seniverse_weather:main"
```

配置文件的内容说明如下。

- 构建系统配置

使用 hatchling 作为构建工具，指定构建后端为 hatchling.build。

- 项目基本信息
  - 项目名称：mcp-seniverse-weather。
  - 版本号：1.0.0。
  - 项目描述：基于心知天气的天气预报 MCP 服务器。
  - 项目文档：使用 README.md。
  - Python 版本要求：需要 Python 3.10 或更高版本。
- 项目依赖项
  - mcp[cli] 版本为 1.6.0 或更高。
  - requests 版本为 2.32.3 或更高。
- 可执行脚本配置

定义了一个命令行入口 mcp-seniverse-weather，对应到 Python 模块 mcp_seniverse_weather:main。这个配置文件使用了现代 Python 打包工具 hatchling，遵循 PEP 621 标准，用于管理项目的构建、依赖和分发。

现在开发者可以通过 uv build 命令来验证项目配置是否正确。

在需求分析阶段，我们已经明确采用心知天气的 Seniverse API 来实现天气预报查询功能。Python 包 requests 是处理 HTTP 请求的可靠选择，执行以下命令可以将其作为依赖项添加到项目中：

```
uv add requests
```

再次打开 pyproject.toml 文件，可以发现其中新增了 requests 依赖。

```
[build-system]
requires = ["hatchling"]
build-backend = "hatchling.build"
[project]
name = "mcp-seniverse-weather"
version = "1.0.0"
description = "Weather Forecast MCP Server Powered by Seniverse"
readme = "README.md"
requires-python = ">=3.10"
dependencies = [
    "mcp[cli]>=1.6.0",
    "requests>=2.32.3",
]
[project.scripts]
mcp-seniverse-weather = "mcp_seniverse_weather:main"
```

5.2.2.3 服务器实现

在 server.py 文件中实现该 MCP 服务器的工具 current_weather，完整代码如下。

```python
import os
from typing import Any, Dict
import requests
from mcp.server.fastmcp import FastMCP
mcp = FastMCP("Weather")
@mcp.tool()
def current_weather(city: str) -> Dict[str, Any]:
    """Query the current weather by city name"""
    api_key = os.getenv("SENIVERSE_API_KEY")
    if not api_key:
        raise ValueError("SENIVERSE_API_KEY environment variable is required")
    try:
        weather_response = requests.get(
            "https://api.seniverse.com/v3/weather/now.json",
            params={
                "key": api_key,
                "location": city,
                "language": "zh-Hans",
                "unit": "c"
            }
        )
        weather_response.raise_for_status()
        data = weather_response.json()
        results = data["results"]
        if not results:
            return {"error": f"Could not find weather data for city: {city}"}
        return results
    except requests.exceptions.RequestException as e:
        error_message = f"Weather API error: {str(e)}"
        if hasattr(e, 'response') and e.response is not None:
            try:
                error_data = e.response.json()
                if 'message' in error_data:
                    error_message = f"Weather API error: {error_data['message']}"
            except ValueError:
                pass
        return {"error": error_message}
```

在 __main__.py 文件中实现标准 Python 包的执行逻辑：

```python
from mcp_seniverse_weather import main
main()
```

在 __init__.py 文件中实现 Python 包的执行函数：

```
"""mcp_seniverse_weather package"""
from .server import mcp
def main():
    """Entry point for the MCP server"""
    mcp.run(transport='stdio')
if __name__ == "__main__":
    main()
```

在这个代码实现中，我们可以注意到以下几个关键点。

• FastMCP 类：使用 MCP Python SDK 提供的 FastMCP 类来创建 MCP 服务器实例，它简化了 Server 的创建和运行。

• 工具定义：通过 @mcp.tool() 装饰器将 current_weather 函数定义为一个 MCP 工具，它接收一个城市名参数，返回该城市的当前天气信息。

• API 调用：使用 requests 库发送 HTTP 请求到 Seniverse API 获取天气数据。

• 结果返回：将 API 返回的 JSON 返回给 MCP 客户端。JSON 格式的数据已经足够友好，大模型具备读取并理解的能力。

• 错误处理：实现了全面的错误处理，包括 API Key 未设置、API 请求失败等情况，确保服务器在各种情况下都能够给出有意义的响应。

5.2.2.4　测试与调试

在发布前，我们需要在本地开发环境进行测试，确保服务器功能正常。运行以下命令启动 MCP 服务器和 Inspector：

```
uv run mcp dev mcp_seniverse_weather/server.py
```

通过浏览器打开 http://localhost:5173，如图 5-4 所示。

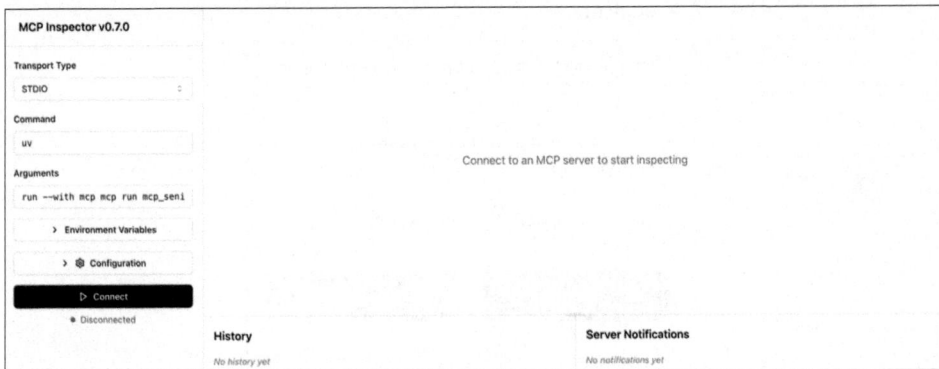

图 5-4

在左侧面板添加环境变量 SENIVERSE_API_KEY，变量值设置为前面步骤中创建的 API Key，如图 5-5 所示。

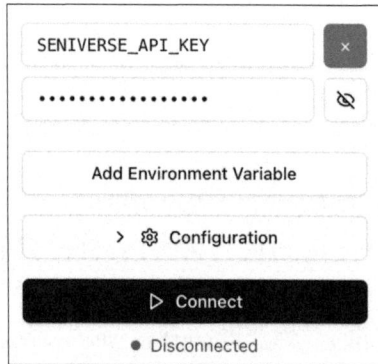

图 5-5

单击 Connect 按钮，如果一切正常，界面中将显示图 5-6 所示的 Connected 状态提示，表示 MCP 服务器连接成功。

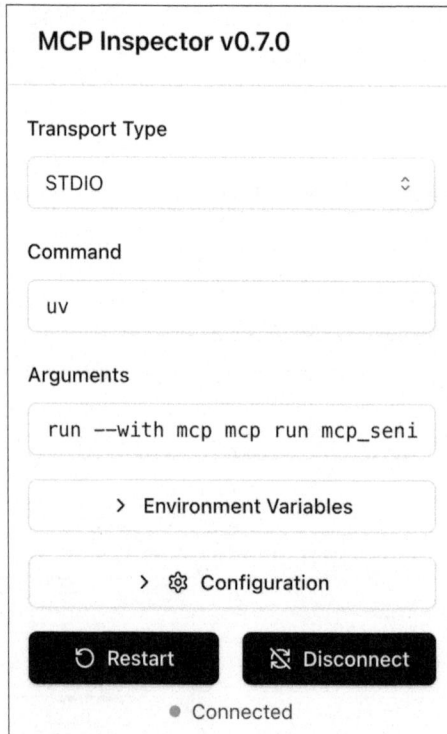

图 5-6

在右侧面板单击 Tools 选项，再单击 List Tools 按钮。界面中将显示刚才实现的 current_weather 工具，如图 5-7 所示。

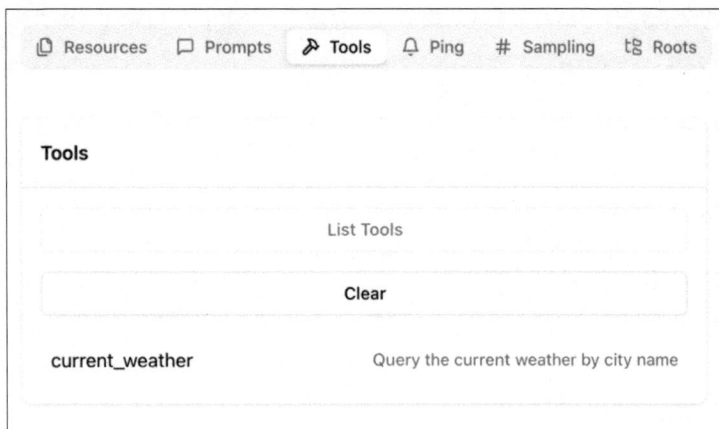

图 5-7

单击 current_weather 工具，在右侧 city 参数输入框输入 Beijing，再单击 Run Tool 按钮。界面中将以 JSON 格式显示北京当前的天气信息，如图 5-8 所示。

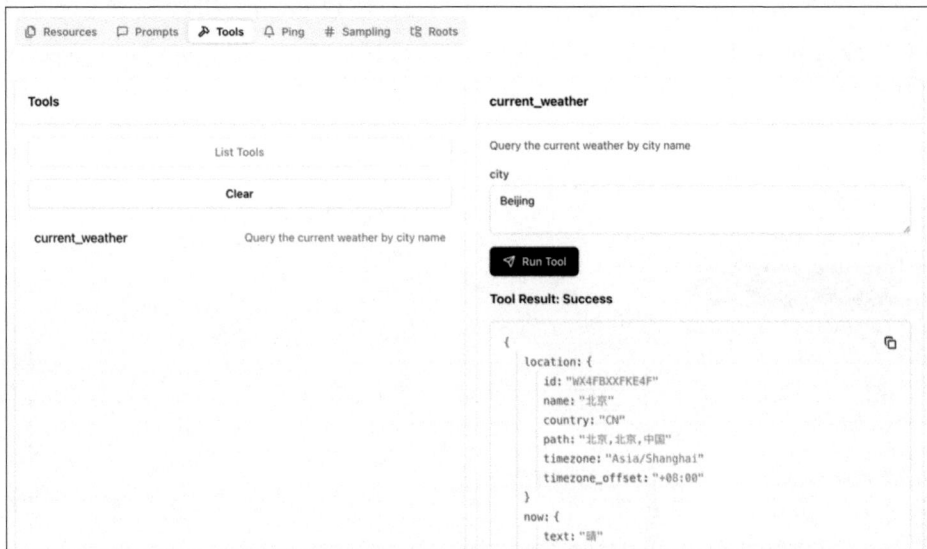

图 5-8

5.2.2.5　PyPI 发布

在 Inspector 完成测试后，开发者可以将 Python 包发布到 PyPI，与广大开发者共享 MCP

服务器。以下介绍具体的操作步骤。

首先，在 https://pypi.org/ 完成注册。如图 5-9 所示。

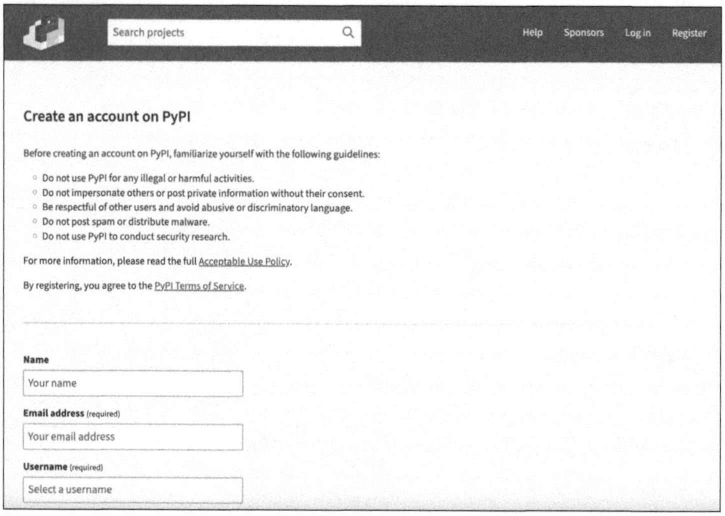

图 5-9

登录用户在 https://pypi.org/manage/account/token/ 创建 token。初次发布 Python 包时，Python 包对应的 pypi 项目不存在，因此 Scope 参数选择 "Entire account (all projects)"，如图 5-10 所示。

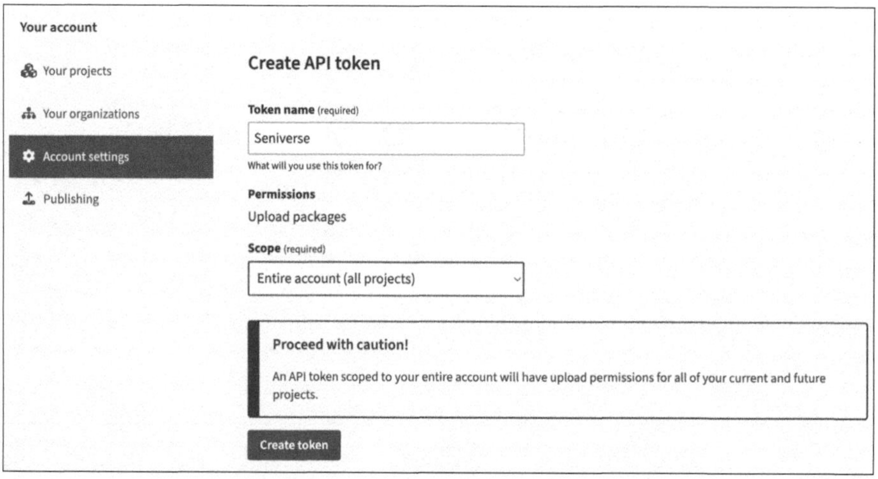

图 5-10

第一次发布 Python 包时，首先执行如下命令，构建 Python 包：

```
uv build
```

运行如下命令，将 Python 包发布到 PyPI：

```
uv publish
```

publish 阶段需要输入用户名和密码。目前 PyPI 只支持基于 token 发布 Python 包。当提示输入用户名时，开发者需要输入 __token__，当提示输入密码时，则输入在上一步创建的 token，如图 5-11 所示。

图 5-11

如果一切顺利，现在开发者可以在 pypi.org 找到自己开发的 Python 包，如图 5-12 所示。

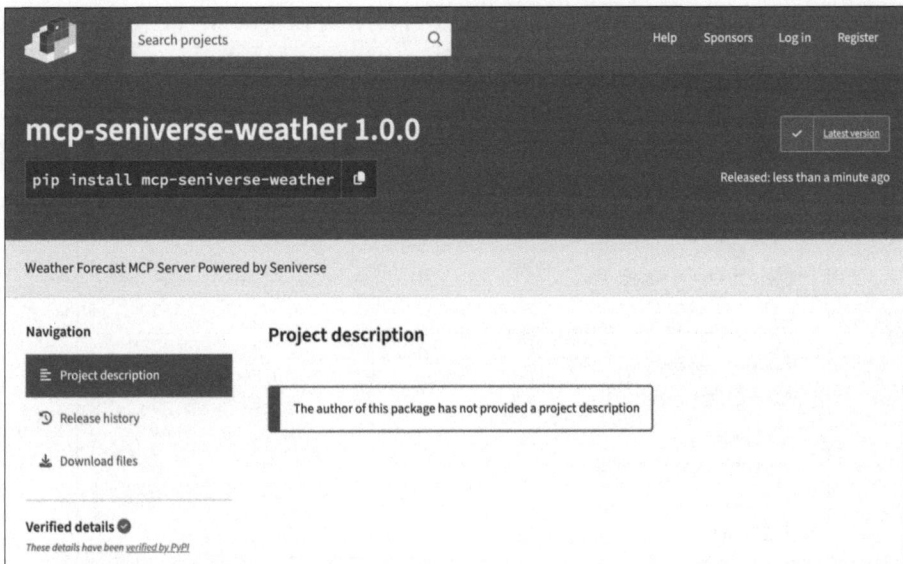

图 5-12

5.2.2.6　Claude 桌面应用集成

现在万事俱备，只欠集成了。本小节依然以 Claude 桌面应用为例演示集成方式，并通过问答查询指定城市的天气。

将 Python 包发布到 PyPI 后，开发者可以使用 uvx 工具来本地运行 mcp-seniverse-weather。这种方式同样可以用来在 Claude 配置该 MCP 服务器。打开 Claude 的配置文件 claude_desktop_config.json，添加如下配置：

```json
{
    "mcpServers": {
        "seniverse": {
            "command": "uvx",
            "args": [
                "mcp-seniverse-weather"
            ],
            "env": {
                "SENIVERSE_API_KEY": "xxx"
            }
        }
    }
}
```

开发者需要在 Claude 配置中使用有效的心知天气 API Key。如果启动 Claude 桌面应用时，seniverse MCP 服务器连接失败，提示 uvx 找不到，可以尝试将 uvx 替换为可执行文件的绝对路径。

保存配置，重启 Claude。现在来测试天气信息的问答能力。

在 Claude 中提问："北京今天的天气如何？" Claude 将通过 MCP 调用天气服务器，获取北京的实时天气数据，并以自然语言形式回答用户的问题，如图 5-13 所示。

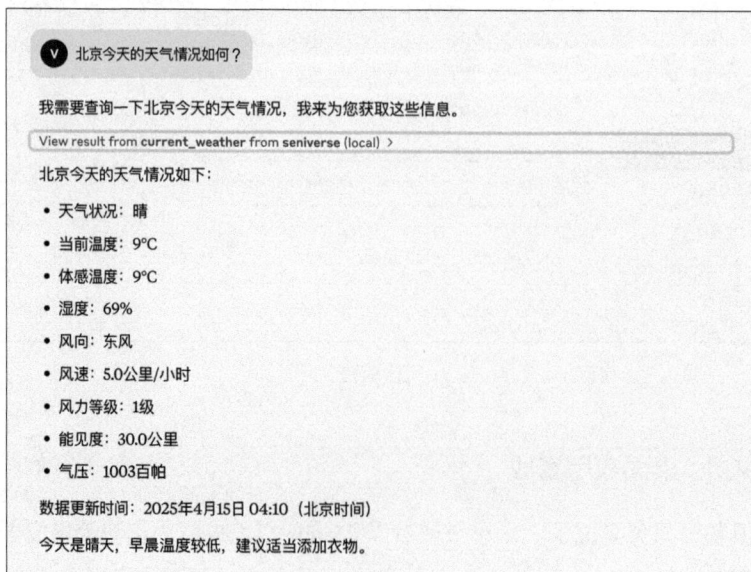

图 5-13

5.2.3　服务器开发进阶

在前面的章节中，我们使用 FastMCP 开发了一款天气预报服务器。虽然 FastMCP 为我们提供了便捷的开发体验，让我们能够快速实现基础功能，但是在实际应用中，我们往往需要追踪服务器的运行状态，并优化其性能。本节将探索如何利用 MCP 底层 API 来增强服务器的高级功能。

5.2.3.1　MCP Python SDK 的底层特性

MCP Python SDK 提供了一套底层 API，其核心是 Server 类。与 FastMCP 相比，这些底层 API 提供了更细粒度的控制能力。在本小节中，我们将重点关注 MCP Python SDK 的两个关键特性——生命周期管理和请求上下文。

1. 生命周期管理（Lifespan）

底层 API 通过异步上下文管理器提供了服务器生命周期的管理能力，使开发者能够维护服务器级别的状态信息，记录诸如 API 调用次数、缓存命中率等运行数据。通过生命周期管理，开发者可以在服务器启动时初始化这些状态，并在关闭时输出统计信息。

2. 请求上下文（Request Context）

每个请求都有其独特的上下文。通过 request_context，开发者可以在整个请求生命周期中访问服务器状态。这个机制能够实现请求级别的功能，比如缓存查询和更新。

基于这些底层特性，我们将对天气预报服务器进行两项重要改进：

- 添加服务器状态追踪，记录 API 调用次数、缓存命中次数等运行数据；
- 实现地理位置信息的缓存机制，减少重复的 API 调用。

5.2.3.2　设计思路

在开始具体的代码实现之前，我们先来梳理一下代码设计的核心思路。这个改进版本的设计主要围绕 3 个关键类展开，分别是 CacheEntry 类、WeatherServerContext 类和 WeatherServer 类。

1.CacheEntry 类

CacheEntry 类是缓存条目类，负责管理单个缓存数据。每个缓存条目不仅需要存储数据本身，还需要记录数据的过期时间。这种设计能够实现基于时间的缓存失效机制，确保不会使用过期的地理位置数据。

```
class CacheEntry:
    """ 缓存条目，包含数据和过期时间 """
    def __init__(self, data: Dict[str, Any], expire_at: datetime):
        self.data = data              # 存储地理位置数据
        self.expire_at = expire_at    # 数据的过期时间
```

2.WeatherServerContext 类

WeatherServerContext 类是服务器上下文类，它实现状态管理和缓存管理两个主要功能，是这次改进的核心。

```
class WeatherServerContext:
    """ 天气服务器上下文，用于管理服务器状态和缓存 """
    def __init__(self, api_key: str):
        # 服务器状态
        self.api_key = api_key
        self.api_calls = 0          # API 调用计数
        self.cache_hits = 0         # 缓存命中次数
        self.cache_misses = 0       # 缓存未命中次数
        # 缓存存储
        self.geo_cache: Dict[str, CacheEntry] = {}
    def get_cached_location(self, city: str) -> Dict[str, Any] | None:
        """ 获取缓存的地理位置，处理缓存过期 """
        # 具体实现 ...
    def cache_location(self, city: str, location: Dict[str, Any]):
        """ 缓存地理位置数据，设置 5 分钟过期时间 """
        # 具体实现 ...
```

3.WeatherServer 类

WeatherServer 类是服务器主类，它通过继承底层的 Server 类实现，集成了生命周期管理和工具调用处理功能。

```
class WeatherServer(Server):
    """ 天气预报服务器 """
    def __init__(self):
        super().__init__(
            "Weather",
            lifespan=weather_lifespan  # 生命周期管理器
        )
        self._setup_handlers()

    def _setup_handlers(self):
        """ 注册请求处理器 """
        # 具体实现 ...

    async def _handle_call_tool(
        self, name: str, arguments: Dict[str, Any]
    ) -> Dict[str, Any]:
        """ 处理工具调用，集成缓存机制 """
        # 具体实现 ...
```

这 3 个类通过明确的分工协作关系，共同实现了服务器状态追踪和缓存管理功能：

- CacheEntry 作为最基础的数据结构，封装了缓存数据及其元信息；
- WeatherServerContext 管理服务器的运行状态，并提供缓存的存取接口；
- WeatherServer 在处理请求时使用上下文提供的功能，实现高效的数据获取。

完整的代码实现如下。

```python
import os
from contextlib import asynccontextmanager
from collections.abc import AsyncIterator
from typing import Any, Dict
import requests
from datetime import datetime, timedelta
from mcp.server import Server
from mcp.server.lowlevel import NotificationOptions
from mcp.types import Tool, Parameter
class CacheEntry:
    """ 缓存条目，包含数据和过期时间 """
    def __init__(self, data: Dict[str, Any], expire_at: datetime):
        self.data = data
        self.expire_at = expire_at
class WeatherServerContext:
    """ 天气服务器上下文，用于管理服务器状态 """
    def __init__(self, api_key: str):
        self.api_key = api_key
        # 服务器运行状态
        self.api_calls = 0
        self.cache_hits = 0
        self.cache_misses = 0
        # 天气数据缓存，使用城市名作为键
        self.weather_cache: Dict[str, CacheEntry] = {}

    def get_cached_weather(self, city: str) -> Dict[str, Any] | None:
        """ 获取缓存的天气信息，如果已过期则返回 None"""
        if city not in self.weather_cache:
            self.cache_misses += 1
            return None

        entry = self.weather_cache[city]
        if entry.expire_at < datetime.now():
            self.cache_misses += 1
            del self.weather_cache[city]
            return None

        self.cache_hits += 1
        return entry.data
```

```python
        def cache_weather(self, city: str, weather_data: Dict[str, Any]):
            """ 缓存天气信息，设置 5 分钟的过期时间 """
            expire_at = datetime.now() + timedelta(minutes=5)
            self.weather_cache[city] = CacheEntry(weather_data, expire_at)
    @asynccontextmanager
    async def weather_lifespan(server: Server) -> AsyncIterator[WeatherServerConte
xt]:
        """ 管理服务器生命周期 """
        api_key = os.getenv("SENIVERSE_API_KEY")
        if not api_key:
            raise ValueError("SENIVERSE_API_KEY 环境变量未设置 ")

        ctx = WeatherServerContext(api_key)
        try:
            yield ctx
        finally:
            # 服务器关闭时输出统计信息
            total_queries = ctx.cache_hits + ctx.cache_misses
            hit_rate = (ctx.cache_hits / total_queries * 100) if total_queries > 0 else 0
            print(f" 服务器运行统计 :")
            print(f"- API 调用次数 : {ctx.api_calls}")
            print(f"- 缓存命中次数 : {ctx.cache_hits}")
            print(f"- 缓存未命中次数 : {ctx.cache_misses}")
            print(f"- 缓存命中率 : {hit_rate:.1f}%")
    class WeatherServer(Server):
        """ 天气预报服务器的主类 """
        def __init__(self):
            super().__init__("Weather", lifespan=weather_lifespan)
            self._setup_handlers()

        def _setup_handlers(self):
            """ 注册服务器的各种处理器 """
            self.register_list_tools_handler(self._handle_list_tools)
            self.register_call_tool_handler(self._handle_call_tool)
        async def _handle_list_tools(self) -> list[Tool]:
            """ 处理工具列表请求 """
            return [
                Tool(
                    name="current_weather",
                    description="Query the current weather by city name",
                    parameters=[
                        Parameter(
                            name="city",
                            description="City name",
                            type="string",
```

```
                                    required=True
                                )
                            ]
                        )
                    ]
    async def _handle_call_tool(self, name: str, arguments: Dict[str, Any]) ->
Dict[str, Any]:
        """ 处理工具调用请求 """
        if name != "current_weather":
            raise ValueError(f" 未知的工具：{name}")
        city = arguments.get("city")
        if not city:
            raise ValueError(" 缺少城市参数 ")
        # 获取服务器上下文
        ctx: WeatherServerContext = self.request_context.lifespan_context

        try:
            # 尝试从缓存获取天气数据
            weather_data = ctx.get_cached_weather(city)
            if weather_data is None:
                # 缓存未命中，调用 API 获取天气数据
                ctx.api_calls += 1
                weather_response = requests.get(
                    "https://api.seniverse.com/v3/weather/now.json",
                    params={
                        "key": ctx.api_key,
                        "location": city,
                        "language": "zh-Hans",
                        "unit": "c"
                    }
                )
                weather_response.raise_for_status()
                data = weather_response.json()
                results = data.get("results", [])
                if not results:
                    return {"error": f" 未找到城市 {city} 的天气信息 "}
                weather_data = results[0]
                # 缓存天气数据
                ctx.cache_weather(city, weather_data)
            return weather_data
        except requests.exceptions.RequestException as e:
            error_message = f" 天气 API 错误：{str(e)}"
            if hasattr(e, 'response') and e.response is not None:
                try:
                    error_data = e.response.json()
```

```
                    if 'message' in error_data:
                        error_message = f"天气 API 错误：{error_data['message']}"
                except ValueError:
                    pass
            return {"error": error_message}
async def run_server():
    """启动并运行服务器"""
    server = WeatherServer()
    async with mcp.server.stdio.stdio_server() as (read_stream, write_stream):
        await server.run(
            read_stream,
            write_stream,
            InitializationOptions(
                server_name="weather",
                server_version="0.1.0",
                capabilities=server.get_capabilities(
                    notification_options=NotificationOptions(),
                    experimental_capabilities={},
                ),
            ),
        )
if __name__ == "__main__":
    import asyncio
    asyncio.run(run_server())
```

基于底层 API 的设计，我们对天气预报 MCP 服务器进行了以下改进。

（1）**缓存机制的引入**。我们可以认为天气数据不会在短时间内发生明显变化，于是我们为天气数据实现了一个带有过期时间的缓存系统。当服务器收到查询请求时，会首先检查缓存中是否存在有效的数据。这大大减少了 API 的调用次数。如果发现缓存数据已过期，服务器会自动清除旧数据并重新获取最新信息。

（2）**状态追踪的实现**。通过 WeatherServerContext 类实现了全面的状态追踪功能。服务器能够记录：

- API 调用总次数；
- 缓存命中次数；
- 缓存未命中次数。

这些统计数据在服务器关闭时会自动输出，帮助我们了解服务器的运行效率。

（3）**生命周期管理的应用**。利用 asynccontextmanager 实现了完整的服务器生命周期管理。这包括：

- 启动时的 API 密钥验证；
- 运行时的状态维护；

- 关闭时的统计信息输出。

（4）**错误处理的优化**。在新的实现中，我们保留了原有的错误处理机制，同时将错误信息与服务器状态关联起来，以便更好地追踪服务器运行过程中遇到的问题。

上述改进不仅提升了服务器的性能，还提供了更强的可观测性。

5.3　本章小结

本章介绍了 MCP 服务器的开发流程、架构设计、功能实现、测试调试和应用集成等方面的内容。通过开发自定义的 MCP 服务器，开发者可以扩展 LLM 的能力边界，使其能够访问特定的数据和执行特定的功能，从而满足各种业务需求和应用场景。

通过本章的学习，开发者可以开发出功能强大、性能优异、可靠稳定的 MCP 服务器，为 LLM 提供更广泛的能力和更丰富的应用场景。

第6章

MCP Inspector
工具的使用

在前面的章节中，我们已经了解了 MCP 的基本概念、协议规范、SDK 使用方法、服务器开发。本章将介绍 MCP Inspector 工具，它是一个专为 MCP 开发者设计的交互式调试工具，可以帮助开发者测试和检查 MCP 服务器的功能。通过借助 Inspector，开发者可以在将 MCP 服务器与 Claude 或其他 LLM 集成之前，先行验证服务器的所有功能是否正常工作。

6.1　Inspector 基础

MCP Inspector 是一个强大的开发工具，它提供了一个用户友好的界面，使开发者能够轻松调试 MCP 服务器。通过 Inspector，开发者可以检查 MCP 服务器提供的所有功能（资源、提示词和工具），查看可用资源及其内容，调试服务器响应，并验证应用程序是否正常工作。

6.1.1　功能概述

MCP Inspector 提供了以下核心功能。

- MCP 服务器连接管理：连接到本地或远程 MCP 服务器，查看连接状态和 MCP 服务器信息。
- 资源浏览：查看和访问 MCP 服务器提供的所有资源，包括文件、图像等。
- 工具测试：测试 MCP 服务器提供的工具，输入参数并查看调用结果。
- 提示词测试：测试 MCP 服务器提供的提示词和提示词模板，填充变量并查看生成的提示词。
- 实时日志：查看 MCP 服务器的实时日志输出，帮助调试问题。
- 检查请求 / 响应：检查客户端和 MCP 服务器之间的请求和响应，了解通信过程。

通过这些功能，MCP Inspector 使开发者能够全面了解 MCP 服务器的行为，快速定位并解决问题，提高开发效率。在实际项目中，Inspector 成为连接开发与应用的重要桥梁，使服务器开发和调试过程变得更加直观和高效。

6.1.2　架构简介

MCP Inspector 是一个为测试和调试 MCP 服务器而设计的开发工具，它由两个主要组件——客户端 UI 和 MCP 代理服务器（MCP Proxy，MCPP）构成。

6.1.2.1　客户端 UI

MCP Inspector 客户端 UI 是一个基于 Web 的用户界面，它提供了直观的视觉化操作环境，使开发者能够轻松地与 MCP 服务器进行交互。该界面默认运行在 6274 端口上。通过这个界面，开发者可以完成以下工作：

- 查看 MCP 服务器提供的所有资源、工具和提示词；
- 调用工具并查看结果；

- 测试提示词并预览生成的内容；
- 监控请求与响应的详细信息；
- 配置 Inspector 的各种设置参数。

6.1.2.2　MCP 代理服务器

MCP 代理服务器（MCPP）作为 MCP Inspector 与实际 MCP 服务器之间的中介，负责处理和转发双方的通信。它默认监听 6277 端口。代理服务器具有以下功能：

- 管理 MCP Inspector 与 MCP 服务器的连接；
- 将客户端发送的请求转发至 MCP 服务器，并将响应返回给客户端；
- 实现错误处理逻辑，妥善管理来自客户端和服务器端的通信异常。

6.1.2.3　工作流程

当开发者使用 npx @modelcontextprotocol/inspector 命令启动 Inspector 时，系统会同时启动客户端 UI 和 MCPP 两个组件。客户端 UI 提供用户界面供开发者进行相关操作，而 MCPP 则负责与实际的 MCP 服务器建立连接，具体过程如下。

- 开发者通过 UI 界面发送请求（如调用工具、查看资源等）；
- MCPP 接收这些请求并转发给 MCP 服务器；
- MCP 服务器处理请求并生成响应；
- MCPP 接收响应并转发回 UI；
- 客户端 UI 以可视化方式将结果呈现给开发者。

在实际应用场景中的完整工作流程示例请参考图 6-1。

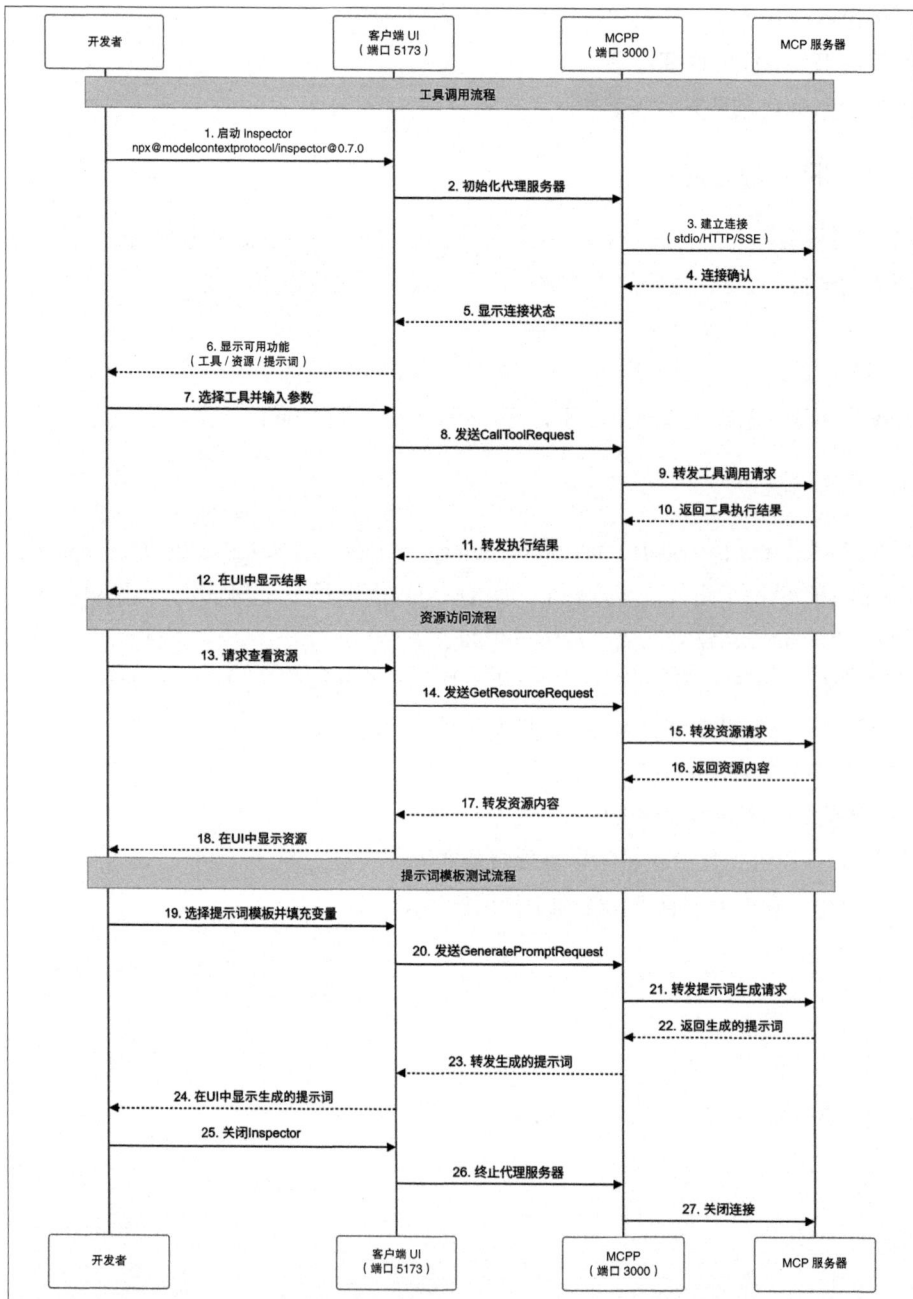

图 6-1

这种架构设计使 Inspector 能够为开发者提供一个安全、可靠且功能丰富的测试环境，大大简化了 MCP 服务器的开发和调试过程。

需要注意的是，由于 MCPP 具有生成本地进程和连接到指定 MCP 服务器的权限，出于安全考虑，应避免被暴露在不受信任的网络环境中。

6.1.3　安装配置

MCP Inspector 是一个基于 Node.js 开发的开源工具，可以通过 npx 直接运行，无须安装。尤其适合在开发和测试过程中使用。

在开始使用 Inspector 之前，需要确保系统中已安装 Node.js。用户可以通过以下命令检查系统中是否已安装 Node.js：

```
node --version
```

如果有类似 v18.16.0 的版本号输出，说明系统中已经安装了 Node.js。如果未安装，用户可以访问 Node.js 官网下载并安装合适的版本。对于大多数用户，建议选择 LTS（长期支持）版本。

用户可以在终端中执行以下命令运行 MCP Inspector：

```
npx @modelcontextprotocol/inspector <command> <arg1> <arg2>
```

其中 <command> 是要执行的命令，<arg1> 和 <arg2> 是命令的参数。

以第 5 章中开发的 mcp-seniverse-weather MCP 服务器为例，用户可以通过执行以下命令启动 Inspector 并调试该 MCP 服务器：

```
npx @modelcontextprotocol/inspector uvx mcp-seniverse-weather
```

6.1.3.1　连接到不同类型的服务器

在 MCP 生态系统中，服务器可能以多种不同的形式存在。有些是作为 npm 包或 PyPI 包发布的，可以直接利用包管理器安装；而另一些则可能是本地开发的项目，或者是基于 HTTP 协议提供的远程服务。MCP Inspector 的设计充分考虑了这种多样性，提供了多种连接方式以适应不同的场景。

综合考虑服务器的发布和部署方式，Inspector 支持以下几种连接方法。

1. 连接来自 npm 或 PyPI 的 MCP 服务器包

对于已经发布到包管理平台的 MCP 服务器，Inspector 提供了直接的连接方式，无须提前下载或安装这些包，这对于快速测试和评估第三方服务器特别实用。

（1）连接 npm 包

```
npx -y @modelcontextprotocol/inspector npx <package-name> <args>
```

（2）连接 PyPI 包

```
npx -y @modelcontextprotocol/inspector uvx <package-name> <args>
```

例如，要连接到文件系统服务器 server-filesystem 的 npm 包，可以运行以下命令：

```
npx -y @modelcontextprotocol/inspector npx -y @modelcontextprotocol/server-
filesystem /Users/username/Desktop
```

这种方式的优点是用户不需要先安装包，包管理器会自动处理所有依赖关系，按需下载，使测试过程更加便捷。

2. 连接本地开发的 MCP 服务器

在开发自己的 MCP 服务器时，用户需要从本地源代码运行服务器。Inspector 支持多种编程语言开发的服务器，用户可以运行相应的连接命令。

针对 Python 服务器，可使用以下命令：

```
npx @modelcontextprotocol/inspector \
  python \
  path/to/server.py \
  args...
```

针对使用 uv 运行 Python 服务器，可使用以下命令：

```
npx @modelcontextprotocol/inspector \
  uv \
  --directory path/to/server \
  run \
  package-name \
  args...
```

针对 Node.js 服务器，可使用以下命令：

```
npx @modelcontextprotocol/inspector \
  node \
  path/to/server.js \
  args...
```

这种方式方便用户在开发过程中实时测试服务器，即使修改代码后，只需重启 Inspector 即可测试最新的实现。这对于迭代开发具有重要意义，可以快速验证每次代码更改的效果。

MCP Inspector 接收的参数是一段可执行命令，因此从理论上讲，它可以连接任何编程语言编写的 MCP 服务器。

选择怎样的连接方式取决于用户的具体需求和服务器的部署状态。无论是快速评估第三方服务器，还是在开发过程中进行迭代测试，或者验证已部署的服务器，Inspector 都提供了灵活的连接选项，使调试和测试过程更加高效和便捷。

6.1.3.2　传递参数和环境变量

在 MCP 服务器的开发过程中，我们通常希望服务器具有较强的灵活性，能够适应各种不同的应用场景。这种灵活性通常通过命令行参数或环境变量来实现，使用户能够根据特定需求定制 MCP 服务器的行为和功能。

Inspector 对这种定制需求提供了完善的支持。用户可以在启动 Inspector 时，同时向目标 MCP 服务器传递命令行参数和环境变量。其中，参数会被直接传递给服务器程序，而环境变量则通过 -e 标志进行设置。

- 仅传递参数

```
npx @modelcontextprotocol/inspector build/index.js arg1 arg2
```

- 仅传递环境变量

```
npx @modelcontextprotocol/inspector -e KEY=value -e KEY2=$VALUE2 node build/index.js
```

- 同时传递环境变量和参数

```
npx @modelcontextprotocol/inspector -e KEY=value -e KEY2=$VALUE2 node build/index.js arg1 arg2
```

- 使用 -- 分隔 Inspector 标志和 MCP 服务器参数

```
npx @modelcontextprotocol/inspector -e KEY=$VALUE -- node build/index.js -e server-flag
```

6.1.3.3　自定义端口

如 6.1.2 节所介绍，Inspector 运行时会启动两项服务：

- MCP Inspector 客户端 UI（默认端口 6274）；
- MCP Proxy 服务器（默认端口 6277）。

当然，这些端口也可以按需修改，用户可以通过如下方式自定义这些端口：

```
CLIENT_PORT=8080 SERVER_PORT=9000 npx
@modelcontextprotocol/inspector node build/index.js
```

6.1.3.4　配置设置

MCP Inspector 支持表 6-1 所示的相关设置。

表 6-1　MCP Inspector 用途及相关设置

名称	用途	默认值
MCP_SERVER_REQUEST_TIMEOUT	等待 MCP 服务器响应的最大时间（毫秒）	10000
MCP_REQUEST_TIMEOUT_RESET_ON_PROGRESS	指定是否重置进度通知的超时	true
MCP_REQUEST_MAX_TOTAL_TIMEOUT	发送给 MCP 服务器的请求总超时（毫秒）	60000
MCP_PROXY_FULL_ADDRESS	MCP Inspector 代理服务器的完整 URL（例如 http://10.2.1.14:2277）	""（代表空字符串）

用户可以通过单击 MCP Inspector UI 中的 Configuration 按钮来更改这些设置，如图 6-2 所示。

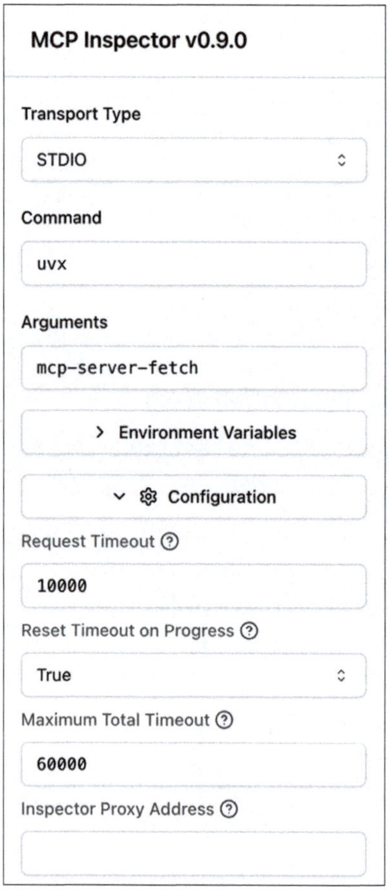

图 6-2

6.1.4 界面介绍

启动 MCP Inspector 后，它会在本地启动一个 Web 服务器，并在浏览器中打开界面。默认情况下，Inspector 界面可以通过 http://localhost:6274 访问，如图 6-3 所示。

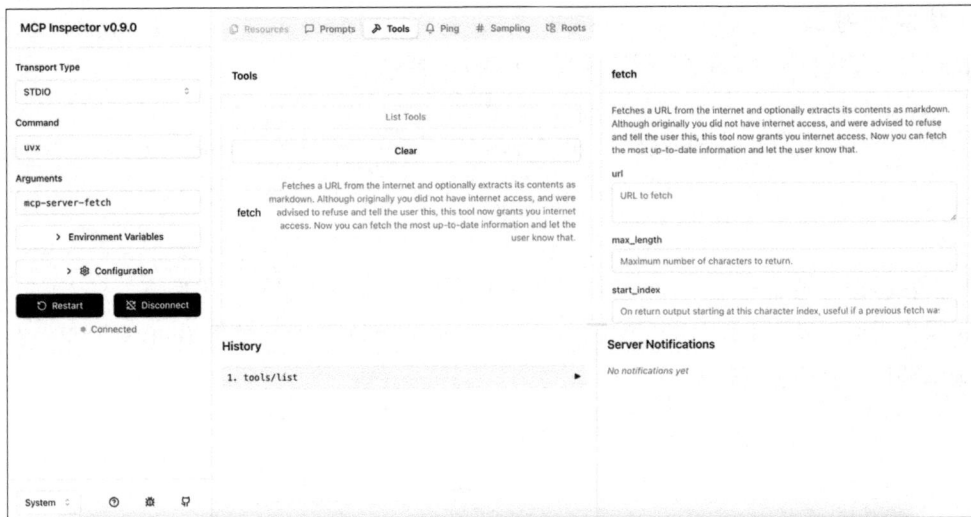

图 6-3

　　Inspector 界面设计简洁直观，左侧是功能导航区，中间是主要内容区，底部是日志和通知区。这种布局使开发者可以快速找到所需的功能，高效进行服务器测试和调试。

　　Inspector 界面主要由以下几个部分组成。

　　• **服务器连接面板**：显示当前连接的服务器信息，包括服务器命令（Command）与参数（Arguments），以及连接状态，如图 6-4 所示。

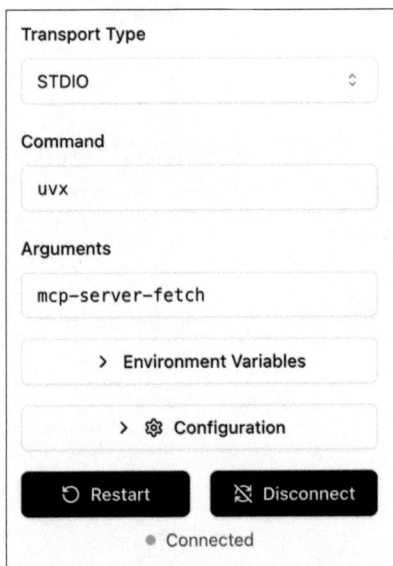

图 6-4

• **功能标签页**：包括资源（Resources）、提示词（Prompts）、工具（Tools）、采样（Sampling）和根目录（Roots）标签页等，如图 6-5 所示。

图 6-5

• **内容面板**：显示选定功能的详细信息和操作界面。图 6-6 显示了当选择工具（Tools）功能时的操作界面。界面中列出了当前 MCP 服务器支持的所有工具。单击 Tools 标签页，右侧面板将显示调用工具的参数表单。

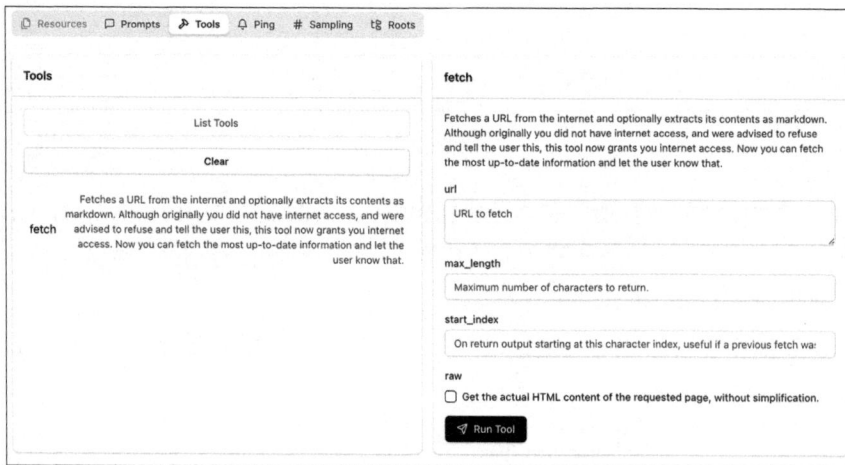

图 6-6

• **通知面板**（Server Notifications）：显示系统通知和错误信息，如图 6-7 所示。

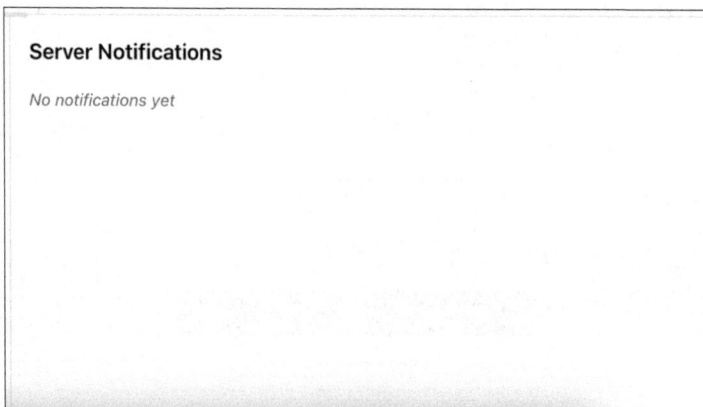

图 6-7

- **操作历史面板（History）**：显示在 UI 上的操作历史，如图 6-8 所示。

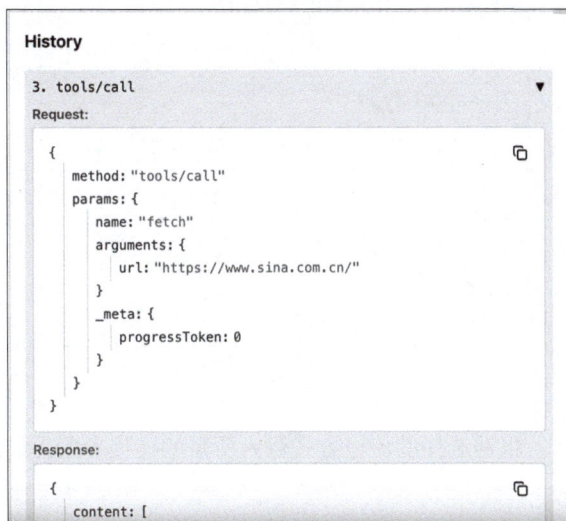

图 6-8

6.2　核心功能使用

本节将详细介绍 MCP Inspector 的核心功能，包括如何使用它来调试工具、查看资源、测试提示词。通过实际操作示例，读者将掌握如何有效利用 Inspector 进行 MCP 服务器调试。

6.2.1　服务器连接面板

服务器连接面板支持用户选择用于连接到服务器的传输方式（transport），并查看连接状态。对于本地服务器，用户可以自定义命令行参数和环境变量。

使用服务器连接面板的步骤如下所示。

（1）选择传输方式。在下拉菜单中选择适当的传输方式（例如 STDIO、SSE 等），如图 6-9 所示。

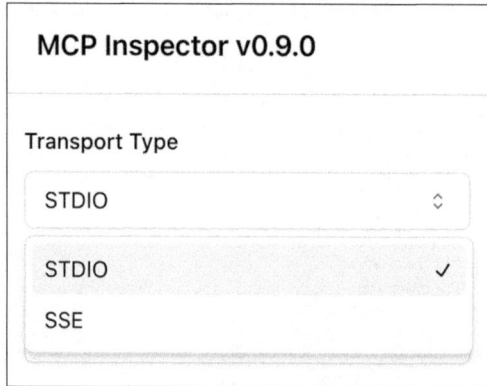

图 6-9

（2）输入连接参数。根据选择的传输方式输入所需的连接参数，如图 6-10 所示。

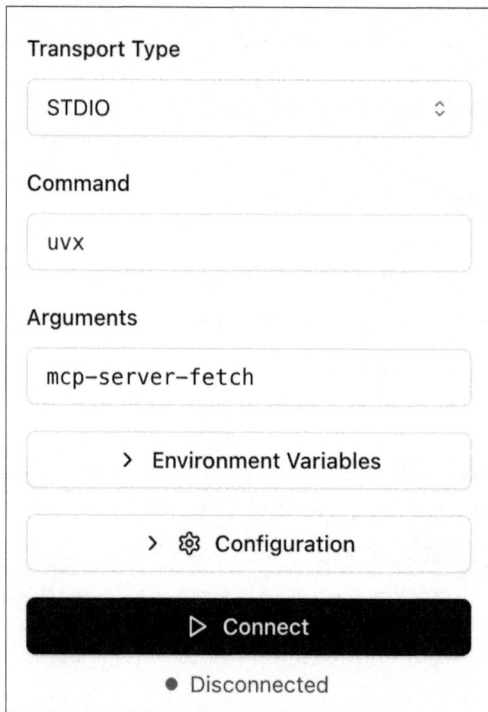

图 6-10

（3）连接服务器。单击 Connect 按钮连接到服务器。

（4）查看连接状态。连接后，面板底部会显示连接状态（例如 Connected 或错误信息），如图 6-11 所示。

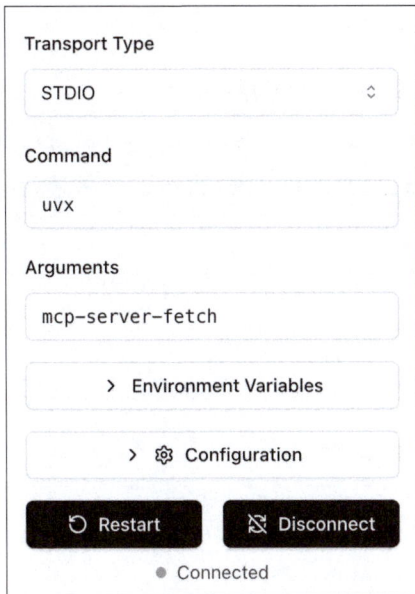

图 6-11

6.2.2　调试工具

　　MCP Inspector 的 Tools 标签页支持用户测试服务器提供的所有工具，以下是使用 Inspector 调试工具的步骤。

　　以 Fetch 服务器为例，Fetch 服务器是一款网络内容获取工具，它能够检索和处理网页内容。该服务器的核心功能是从互联网上获取网页，并将 HTML 内容转换为更易于处理的 Markdown 格式，从而使模型能够更有效地理解和利用网络信息。

　　Fetch 服务器提供了唯一的工具——fetch，它具有以下参数。

- url（字符串，必需）：需要获取内容的网页 URL。
- max_length（整数，可选）：返回内容的最大字符数（默认值：5000）。
- start_index（整数，可选）：内容提取的起始字符索引（默认值：0）。
- raw（布尔值，可选）：是否获取未经 Markdown 转换的原始内容（默认值：false）。

　　通过这些参数，用户可以灵活控制获取内容的范围和格式。特别是通过 start_index 参数，可以实现分块读取网页内容，直到找到所需的信息，有效解决了网页内容过长的问题。

　　除了工具功能，Fetch 服务器还提供了一个名为 fetch 的提示词模板，帮助用户理解如何编写提示词，从而更好地使用该 MCP 服务器的服务。

6.2.2.1　连接到服务器

首先，使用如下命令连接到 MCP 服务器：

```
npx @modelcontextprotocol/inspector uvx mcp-server-fetch
```

执行上述命令后，Inspector 会自动打开浏览器窗口，并显示未连接状态（Disconnected），如图 6-12 所示。

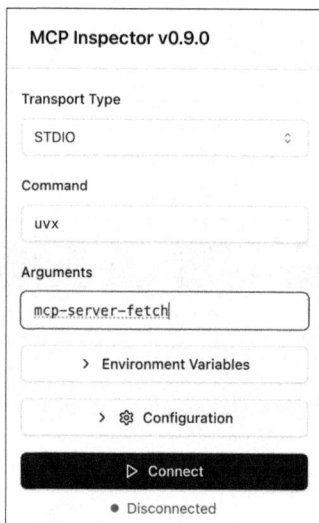

图 6-12

单击 Connect 按钮，连接 MCP 服务器，状态切换为已连接（Connected），如图 6-13 所示。

图 6-13

6.2.2.2　查看可用工具

连接成功后，单击 Tools 标签页查看服务器提供的所有工具。Tools 页面将显示 MCP 服务器提供的工具列表，包括名称和简短描述。Fetch 服务器的工具列表中将显示唯一的工具 fetch，如图 6-14 所示。

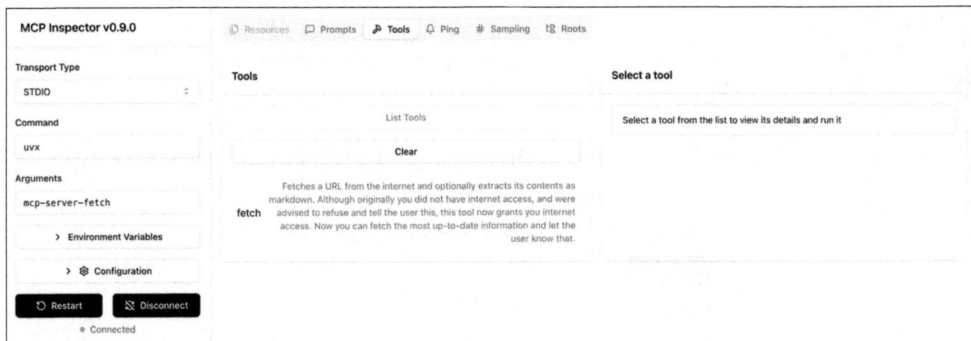

图 6-14

6.2.2.3　选择工具

单击要测试的工具（例如 fetch），Inspector 会显示该工具的详细信息，以及参数列表，如图 6-15 所示。

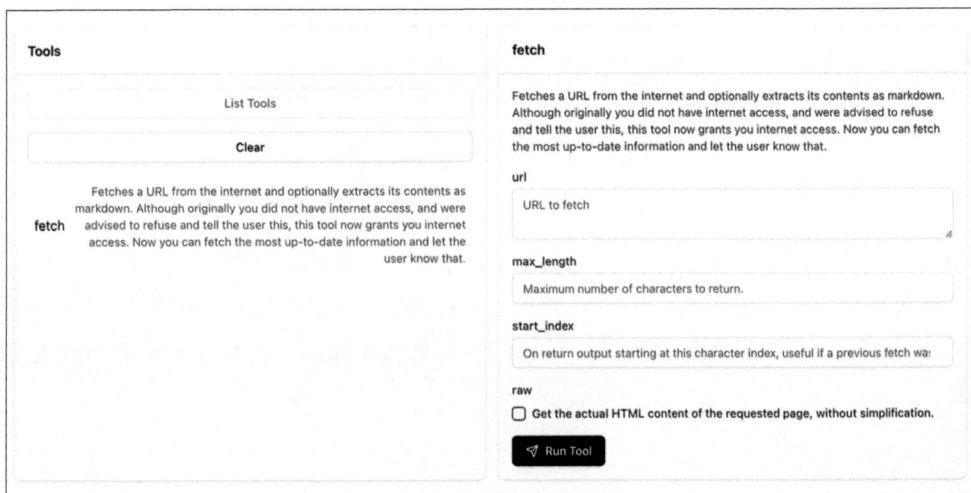

图 6-15

6.2.2.4　输入参数

Inspector 会根据参数类型提供适当的输入控件，如文本框、下拉菜单等。用户可以在工具面板中输入相关参数。例如对于 fetch 工具，在 URL 字段中输入链接（https://www.huawei.com/cn/corporate-information），另外两个参数 max_length 和 start_index 则保留空白。如果想要获取网页的 HTML 内容，需要勾选图 6-15 中的 raw 选项。这表示期望得到原始网页的 HTML 内容，不做 Markdown 转换。

6.2.2.5 调用工具，查看结果

单击 Run Tool 按钮，调用工具。Inspector 会显示工具的调用结果，如图 6-16 所示。

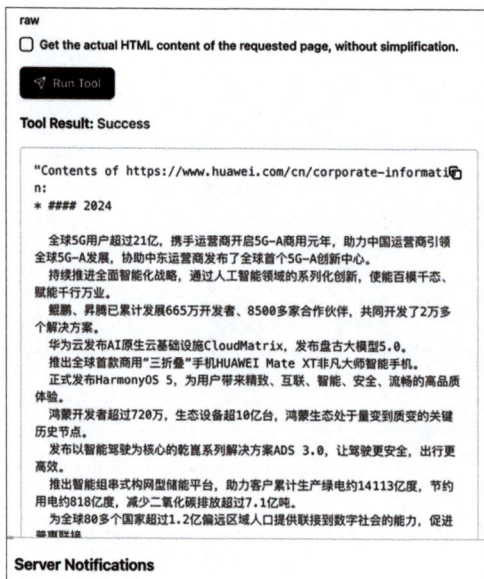

图 6-16

如果工具调用成功，结果将以格式化的方式显示；如果调用失败，Inspector 会显示错误信息。通过这种方式，用户可以轻松地测试工具的功能，验证参数处理和结果返回是否符合预期。Inspector 提供的直观界面使得工具调试过程更加便捷，尤其是对于复杂参数或返回值的工具。

6.2.3 资源浏览

MCP Inspector 的资源（Resources）标签页支持用户浏览和查看服务器提供的所有资源。资源标签页提供以下功能：

- 列出所有可用资源；
- 显示资源元数据（MIME 类型、描述）。

这里以 MCP server-puppeteer 为例，通过如下命令启动 Inspector：

```
npx @modelcontextprotocol/inspector npx -y @modelcontextprotocol/server-puppeteer
```

6.2.3.1　连接到服务器

类似地，我们首先连接到 MCP 服务器，并确保连接成功（Connected），如图 6-17 所示。

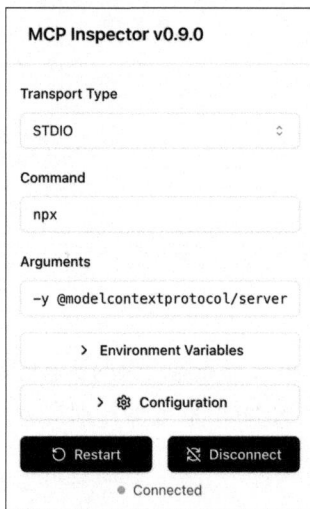

MCP Inspector v0.9.0

Transport Type

STDIO

Command

npx

Arguments

-y @modelcontextprotocol/server

> Environment Variables

> ⚙ Configuration

↻ Restart　　⊗ Disconnect

● Connected

图 6-17

6.2.3.2　查看资源列表

单击资源（Resources）标签页查看服务器提供的所有资源。Inspector 会在左侧面板显示资源列表，如图 6-18 所示。

Resources　Prompts　Tools　Ping　# Sampling　Roots

Resources	Resource Templates	Select a resource or template
List Resources	List Templates	Select a resource or template from the list to view its contents
Clear	Clear	
Browser console logs >		

图 6-18

用户可以单击列表中的资源查看详情。比如单击 Browser console logs，最右侧面板会显示浏览器控制台日志资源的详细信息，如图 6-19 所示。

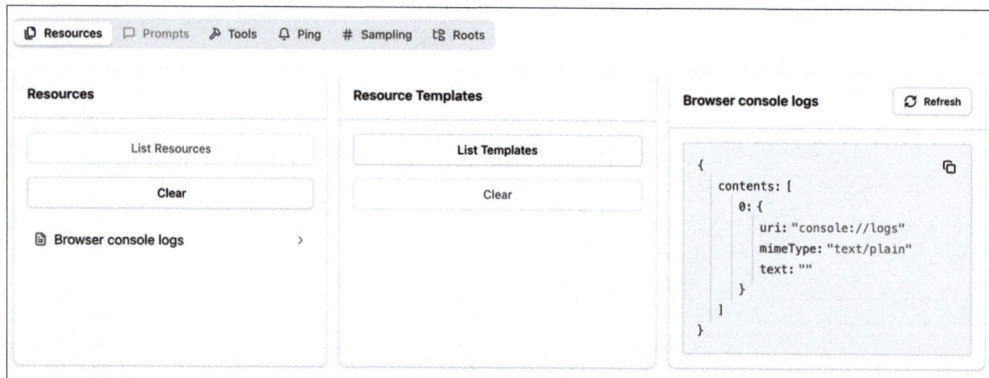

图 6-19

通过资源浏览功能，用户可以检查服务器提供的所有资源，确保它们的内容和结构符合需求。这对于开发和调试资源密集型的 MCP 服务器特别实用，用户可以直观地查看和验证资源内容，而不需要编写额外的代码进行测试。

6.2.4 提示词测试

本书 2.3 节对 MCP 下的提示词和提示词模板作了介绍。MCP 服务器的提示词和提示词模板，为客户端提供了可重用的提示词，供 AI 应用用户直接使用，或者为用户编写提示词提供参考。

MCP Inspector 同样提供了提示词调试功能。在 Inspector 中，提示词（Prompts）标签页提供以下功能：

- 显示可用的提示词模板；
- 显示提示词参数和描述；
- 启用使用自定义参数进行提示词测试；
- 预览生成的消息。

本节以 Blender MCP 服务器为例，通过 MCP 将 Blender 3D 建模软件与 Claude 等大语言模型无缝集成。这种集成方式使 Claude 能够直接与 Blender 交互并控制其操作，为 3D 创作领域带来全新的可能性。

以下是使用 Inspector 测试提示词的步骤。

（1）连接到服务器。首先连接到 MCP 服务器，并确保连接成功（Connected），如图 6-20 所示。

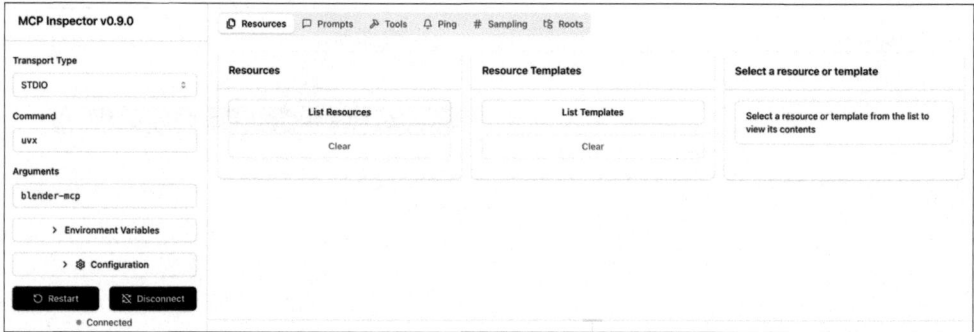

图 6-20

（2）查看提示词。单击提示词（Prompts）标签页查看服务器提供的所有提示词。Inspector 会显示可用的提示词列表，包括提示词名称及其简短描述，如图 6-21 所示。

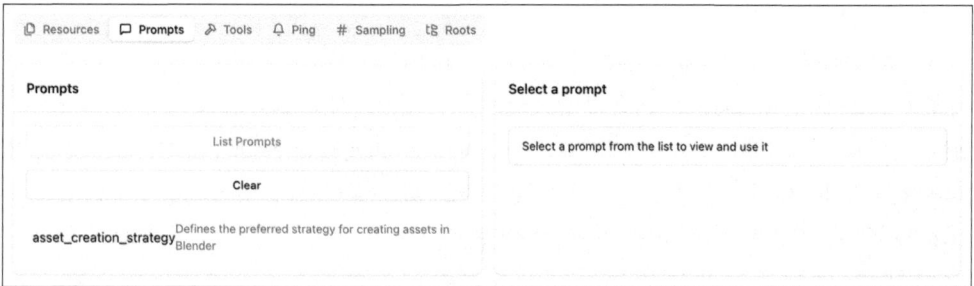

图 6-21

（3）选择提示词。单击要测试的提示词，Inspector 会显示该提示词的详细信息，如图 6-22 所示。

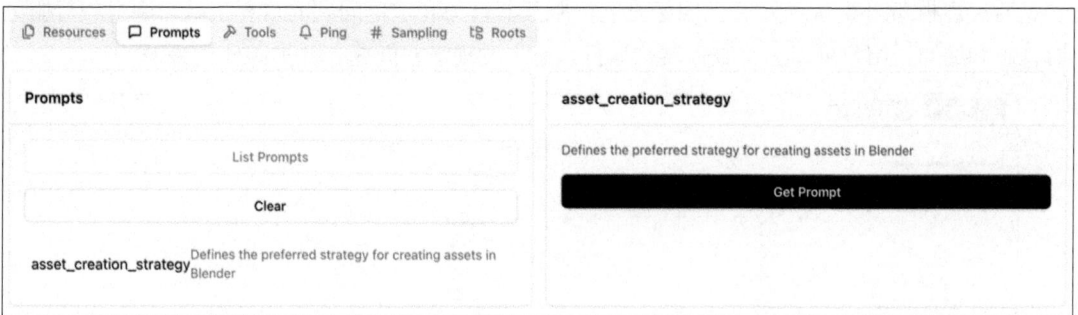

图 6-22

（4）生成提示词。单击图 6-22 中的 Get Prompt 按钮可以生成完整的提示词，如图 6-23 所示。

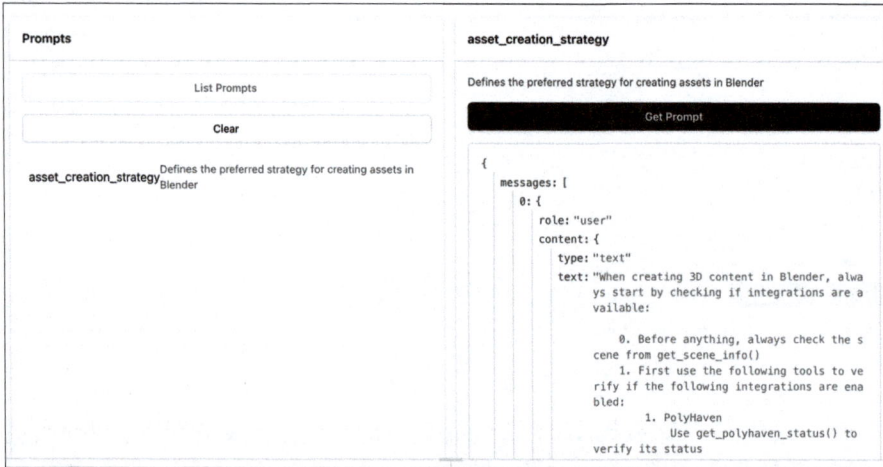

图 6-23

（5）查看结果。Inspector 会显示生成的提示词内容，用户可以检查变量是否正确替换、格式是否符合预期。生成的提示词会以格式化的方式显示，便于查看和验证。

通过提示词调试功能，用户可以验证提示词的设计和实现是否符合需求，确保生成的提示词能够有效引导 LLM 完成任务，这对于开发复杂的 MCP 服务器具有重要意义。预先测试并优化提示词，能够有效提高 AI 输出的质量和准确性。

6.2.5 监控面板

监控面板提供以下功能：

- 显示从服务器记录的所有日志；
- 显示从服务器接收的所有通知。

监控面板如图 6-24 所示，该面板是监控服务器行为和定位问题的重要工具。通过查看服务器日志和通知，用户可以了解服务器的运行状态，发现潜在问题，并追踪错误来源。

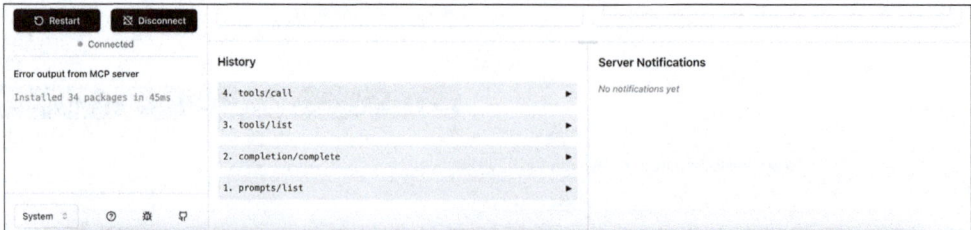

图 6-24

6.3　最佳实践

前面的章节详细介绍了 MCP Inspector 的基本功能和使用方法。随着对这一工具的熟悉，用户可能希望更高效地运用它来提升开发效率。正如使用任何专业工具一样，掌握一些经过实践检验的使用技巧和方法，可以帮助用户在 MCP 服务器开发过程中事半功倍。

MCP Inspector 作为一个功能强大的专业调试工具，其真正的价值在于它将深度融入开发流程，通过采用系统化的方法和技巧，用户不仅可以节省大量的调试时间，还能显著提升服务器的稳定性和质量。

接下来将分享一系列实践，涵盖开发工作流、调试技巧和常见问题解决方法，以帮助读者更高效地利用 MCP Inspector，打造出高质量的 MCP 服务器。

6.3.1　开发工作流

将 Inspector 集成到开发工作流中有助于显著提高开发效率。以下是一个推荐的开发流程，如图 6-25 所示。

开发流程的相关细节梳理如下。

1. 开始开发
- 启动 Inspector 并尝试连接服务器
- 验证基本连接性

2. 迭代测试
- 修改服务器代码
- 重新构建服务器
- 重新连接 Inspector
- 测试受影响的功能
- 监控消息

3. 测试边缘情况
- 测试无效输入
- 测试缺少提示参数
- 测试并发操作
- 验证错误处理和错误响应

通过这种系统化的工作流程，用户可以在开发的每个阶段都确保 MCP 服务器的质量和可靠性。Inspector 作为贯穿整个开发周期的工具，可以帮助用户更快地发现和解决问题，提高开发效率。

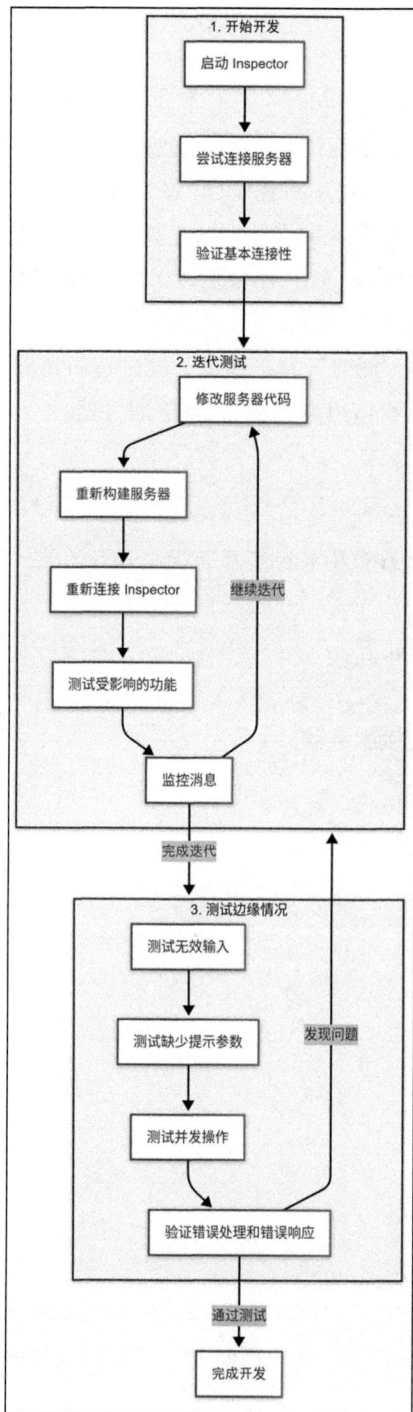

图 6-25

6.3.2　解决常见问题

在使用 MCP Inspector 进行开发和调试的过程中，即使是经验丰富的开发者也会遇到各种各样的问题。这些问题可能存在于服务器配置、网络环境、代码逻辑或资源管理等多个方面。及时识别并解决这些问题对于保持开发进度至关重要。

幸运的是，许多常见问题都有相对标准的解决方案。通过总结开发社区的经验，我们可以建立一个问题解决知识库，帮助开发者快速解决问题。这里归纳了使用 MCP Inspector 时最常遇到的五类问题，并提供了针对性的解决方案，希望能为读者的开发之旅扫除障碍。

6.3.2.1　连接问题

首先确保 MCP 服务器连接参数配置正确。然后检查网络设置，确保端口未被其他程序占用，并检查防火墙设置，确保它不会阻止 Inspector 和服务器之间的通信。

6.3.2.2　工具调用失败

首先检查参数设置是否正确，特别是必需参数是否已提供，并确认参数类型和格式是否符合工具的期望；然后查看服务器日志，了解失败的具体原因。

6.3.2.3　资源访问问题

首先需要确保资源路径正确，并且资源文件存在，然后检查服务器的权限设置，确保它有权访问资源。对于大型资源，需要检查是否有内存限制导致加载失败。

Inspector 的配置中包含启动 MCP 服务器所必需的可执行命令。当遇到连接问题时，用户需要确保提供给 Inspector 的可执行命令文件可访问。以如下命令为例：

```
npx @modelcontextprotocol/inspector uvx blender-mcp
```

上述命令示例中使用了 uvx 来启动 Blender MCP 服务器，可能会因配置问题导致 Inspector 找不到可执行文件 uvx，这时用户可以选择将命令中的 uvx 替换为它的绝对路径。

6.3.2.4　配置问题

需要确保环境变量正确地传递给服务器，并在必要时检查 MCP_SERVER_REQUEST_TIMEOUT 是否需要调整（默认为 10000 毫秒）。

这些解决方案不仅适用于初学者，也适用于有经验的开发者。调试是开发过程中不可避免的重要环节，系统的问题解决方法可以确保调试过程更加高效和有条理。Inspector 的设计初衷就是为了简化调试过程，通过其丰富的功能和清晰的界面，帮助开发者快速定位和解决问题。

通过了解这些常见问题及其解决方法，开发者可以快速排除故障，保障开发进度。在实际开发过程中，及时识别和解决问题是提高效率和质量的关键，Inspector 提供的各种功能可以帮助开发者实现这一目标。

6.4 本章小结

本章介绍了 MCP Inspector 工具的使用，包括核心功能、最佳实践和实际应用案例。MCP Inspector 是一个功能强大的开发工具，可以帮助开发者测试和调试 MCP 服务器，提高开发效率和服务器质量。

7 第7章
MCP 生态系统

在前面的章节中，我们已经深入了解了 MCP 的核心概念、工作原理及基本应用。本章将带领读者探索 MCP 丰富的生态系统，展示各类优秀的 MCP 实现，以及它们在不同领域的应用场景。通过这些实例，读者将更深入地理解 MCP 如何在实际项目中发挥作用，获得项目开发的创新灵感。

综合来看，在当前的 MCP 生态系统中，开源项目占据主导地位。这些实现既包括个人开发者的创新作品，也有互联网企业为支持自家产品或服务而发布的官方版本。值得注意的是，MCP 技术正处于快速发展的早期阶段，这些开源实现难免会存在一些问题或限制。因此，在实际应用中建议保持谨慎态度，尤其是在涉及关键业务领域或重要数据的场景时。

作为开源协议，MCP 的魅力在于它为开发者提供了充分的创新空间。本书鼓励开发者根据自身的应用场景开发并开源 MCP 服务器实现，在满足个性化需求的同时为整个社区注入新的活力，使更多用户从中受益。

本章将为读者展示多个领域中的典型 MCP 服务器实现，这些案例并非面面俱到，选择的产品也未必是各领域中的最优解。本书作者的初衷是通过这些生动的实例，帮助读者开阔视野，使其灵活运用 MCP 生态系统中的丰富资源。

7.1　MCP 宿主应用

在 MCP 生态系统中，宿主应用是连接用户与 AI 服务的重要桥梁。在第 2 章中，我们曾区分过 MCP 宿主应用和 MCP 客户端的概念——从技术角度讲，宿主应用是运行 AI 模型并集成 MCP 的软件，而客户端则是与服务器连接的组件。尽管如此，在日常交流中，我们通常习惯将这些应用简称为"MCP 客户端"。本书也会灵活地使用这两个术语。

MCP 宿主应用负责接收用户输入，与 MCP 服务器进行通信，并将处理结果呈现给用户。一个优秀的 MCP 宿主应用不仅能够提供友好的用户界面，还能够高效地管理与多种 MCP 服务器的连接，确保安全和隐私，并为用户提供个性化的配置选项。

MCP 宿主应用的类型多种多样，从桌面应用到网页界面，从命令行工具到集成在 IDE 中的插件，能满足不同用户在各种场景下的需求。随着 MCP 生态的发展，越来越多的应用正在集成 MCP 功能，使 AI 辅助能力能够无缝融入用户的工作流程。

本节将介绍两类典型的 MCP 宿主应用——聊天应用和编程工具。通过这些案例，我们将了解如何配置和使用这些应用，以及它们如何增强用户与 AI 助手的交互体验。

7.1.1　聊天应用

聊天应用是 MCP 宿主应用的重要类别，它们为用户提供了与 AI 模型交互的直观界面。这些应用不仅支持基本的文本对话功能，还通过 MCP 扩展了 AI 助手的能力范围，使其能够访问各种外部工具和服务。本小节将介绍两个代表性的聊天应用——Claude 桌面应用和 LibreChat。

7.1.1.1　Claude 桌面应用

在前面的章节中，我们已多次提及 Claude 桌面应用作为 MCP 协议实现的典型案例。这里将从 MCP 生态系统的角度出发，更深入地探讨 Claude 桌面应用如何作为一个成熟的 MCP 客户端，为用户提供强大而灵活的 AI 助手体验。

Claude 桌面应用是 Anthropic 公司专为其 Claude 模型开发的桌面应用程序，它扮演着 AI 助手的角色，是 MCP 最早的实践者之一。作为一个功能强大的 MCP 客户端，它不仅展示了 MCP 的核心理念，还通过其设计和实现为整个生态系统树立了标杆。通过 Claude 桌面应用，用户可以配置各种 MCP 服务器，使 Claude 实现访问本地文件系统、网络资源、专业工具等多样化功能，极大地增强了 AI 助手的实用性。

1. 配置 MCP 服务器

Claude 桌面应用通过一个简单的配置文件来管理 MCP 服务器。用户需要按照以下步骤来使用 MCP 功能。

（1）下载并安装 Claude 桌面应用（目前支持 macOS 和 Windows 系统）。

（2）打开 Claude 菜单并选择"Settings"（设置），如图 7-1 所示。

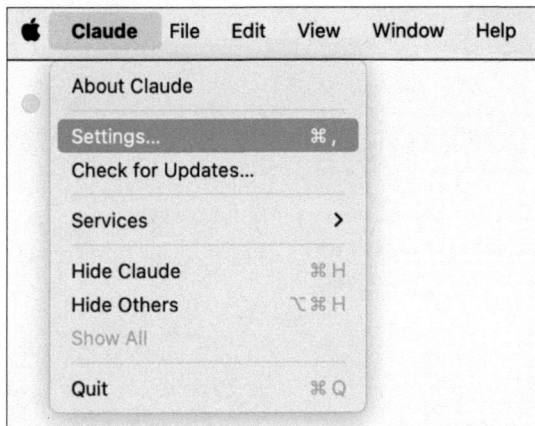

图 7-1

（3）在设置面板左侧选择"Developer"（开发者），如图 7-2 所示。

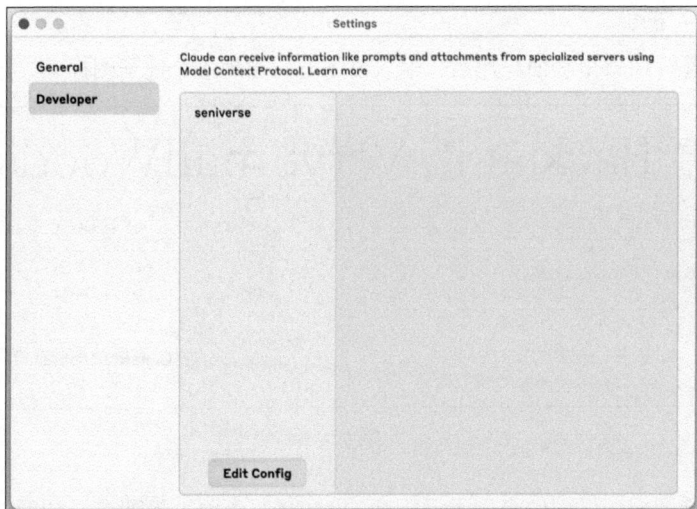

图 7-2

（4）单击图 7-2 中的 Edit Config（编辑配置）按钮打开配置文件。

该操作将创建或打开一个位于以下位置的配置文件：

• 对于 macOS，配置文件位于 ~/Library/Application Support/Claude/claude_desktop_config. json；

• 对于 Windows，配置文件位于 %APPDATA%\Claude\claude_desktop_config.json。

在这个配置文件中，用户可以添加各种 MCP 服务器。以文件系统 MCP 服务器为例，其配置如下：

```
{
  "mcpServers": {
    "filesystem": {
      "command": "npx",
      "args": [
        "-y",
        "@modelcontextprotocol/server-filesystem",
        "/Users/username/Desktop",
        "/Users/username/Downloads"
      ]
    }
  }
}
```

上述配置告诉 Claude 桌面应用启动一个名为 filesystem 的 MCP 服务器，该服务器允许 Claude 访问计算机桌面和下载文件夹的内容。需要注意的是，在参考该示例进行配置时，用户需要将路径设置为文件系统中真实存在的路径，并且该路径应该是绝对路径而非相对路径。

2. 使用 MCP 工具

配置完成并重启 Claude 桌面应用后，输入框下方将出现一个锤子图标 🔨1，如图 7-3 所示。

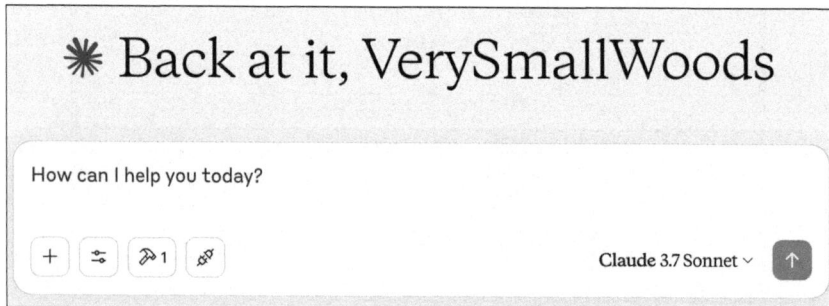

※ Back at it, VerySmallWoods

How can I help you today?

＋　⇄　🔨1　🔗　　　　　　　　　Claude 3.7 Sonnet ⌄　↑

图 7-3

单击这个锤子图标，界面中将显示已配置的 MCP 服务器工具列表，如图 7-4 所示。

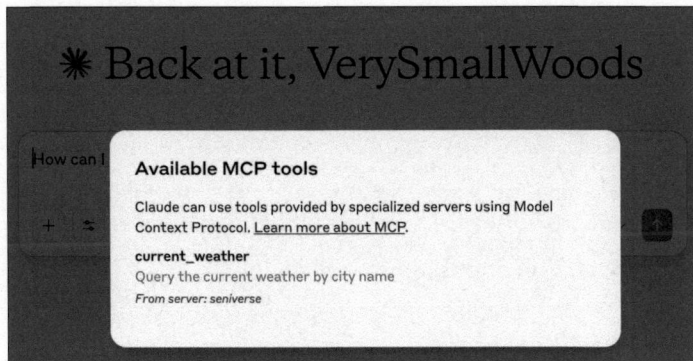

图 7-4

在与 Claude 对话时，它会根据上下文智能地决定是否使用工具以及使用哪些工具。当 Claude 需要执行某个操作（如读取文件或创建文件夹）时，它会先请求用户的许可，确保用户对所有操作有完全的控制权。

Claude 桌面应用的 MCP 集成遵循以下原则：

- 用户隐私和控制至上，所有操作都需要用户明确授权；
- MCP 服务器以用户权限运行，确保安全边界；
- 操作透明，用户可以清楚地了解 AI 助手要执行的操作。

通过 Claude 桌面应用的 MCP 支持，用户可以将 Claude 的能力扩展到文件管理、网络搜索、数据分析等多个领域，使其成为一个更加强大和个性化的 AI 助手。

7.1.1.2　LibreChat

如图 7-5 所示，LibreChat 是一个开源的 AI 聊天应用，支持多个 AI 供应商的语言模型。LibreChat 全面支持 MCP，支持用户根据自己的业务需求定制 AI 应用的功能。

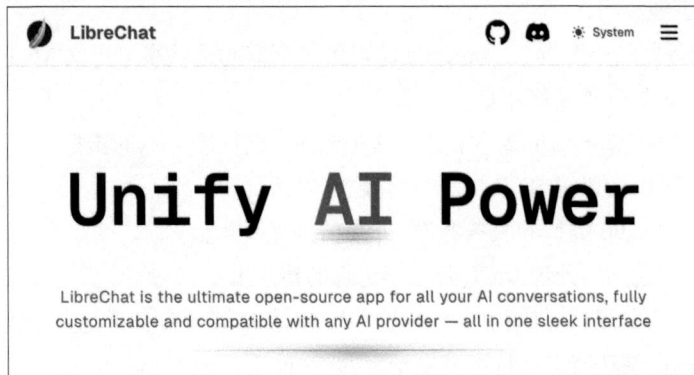

图 7-5

1. MCP 服务器配置

与常见的 MCP 配置不同，LibreChat 并不是使用 JSON 配置文件，而是通过 yaml 配置文件 librechat.yaml 来管理 MCP 服务器。在这个配置文件中，用户可以在 mcpServers 部分添加各种 MCP 服务器配置。例如：

```yaml
mcpServers:
  everything:
    url: http://localhost:3001/sse
  puppeteer:
    type: stdio
    command: npx
    args:
      - -y
      - "@modelcontextprotocol/server-puppeteer"
  filesystem:
    command: npx
    args:
      - -y
      - "@modelcontextprotocol/server-filesystem"
      - /home/user/LibreChat/
    iconPath: /home/user/LibreChat/client/public/assets/logo.svg
```

LibreChat 支持 3 种类型的 MCP 服务器连接，具体如下所示。

- stdio：作为子进程启动 MCP 服务器，通过标准输入 / 输出通信。
- websocket：通过 WebSocket 连接到外部 MCP 服务器。
- sse：通过 HTTP 协议与支持 SSE 的外部 MCP 服务器通信。

对于 stdio 类型的服务器，用户需要指定 command 和 args 参数；对于 websocket 或 sse 类型的服务器，则需要提供 url 参数。如果省略 type 参数，LibreChat 会自动根据其他参数推断服务器类型。

2. 自定义与扩展

除了 MCP 服务器核心配置，LibreChat 还提供了丰富的选项来自定义 MCP 服务器的行为，提升用户体验。相关的选项及作用如下所示。

- 图标路径：通过 iconPath 参数定义工具在选择对话框中显示的图标。
- 超时设置：可以设置请求超时和初始化超时时间。
- 环境变量：为 stdio 类型的服务器设置特定的运行环境。
- 错误处理：配置如何处理 MCP 服务器进程的错误输出。

LibreChat 的灵活配置使它成为一个理想的 MCP 客户端平台，无论是个人使用还是团队协作，LibreChat 都能提供功能丰富且可高度定制的 AI 助手。

7.1.2　编程工具

编程工具是 MCP 生态系统中另一个重要的宿主应用类别。与聊天应用不同，这些工具主要面向开发者，在集成开发环境（IDE）中提供 AI 辅助功能。通过 MCP，MCP 服务器能够大幅提升这些集成开发环境的上下文理解和操作能力。本小节将介绍 3 个具有代表性的编程工具——Cursor IDE、Windsurf IDE 和 Visual Studio Code 的 Cline 扩展。

7.1.2.1　Cursor IDE

如图 7-6 所示，Cursor 是一款专为 AI 辅助编程设计的现代化 IDE（集成开发环境），它基于 Visual Studio Code 构建，并深度适配 MCP。作为一个强大的 MCP 宿主应用，Cursor 能够访问各种外部工具和数据源，大幅提升其上下文理解和问题解决能力。

图 7-6

Cursor 支持两种类型的 MCP 服务器传输协议，分别是 Stdio 和 SSE。对于 Stdio 服务器，用户需要在配置文件中提供 MCP 服务器启动命令；对于 SSE 服务器，则需要提供 SSE 端点的 URL（例如 http://example.com:8000/sse）。

1. 配置方式

与其他集成开发环境不同，Cursor 提供了两种配置 MCP 服务器的模式，项目模式和全局模式，如图 7-7 所示。开发者可以根据开发偏好与项目需求选用适合的配置模式。

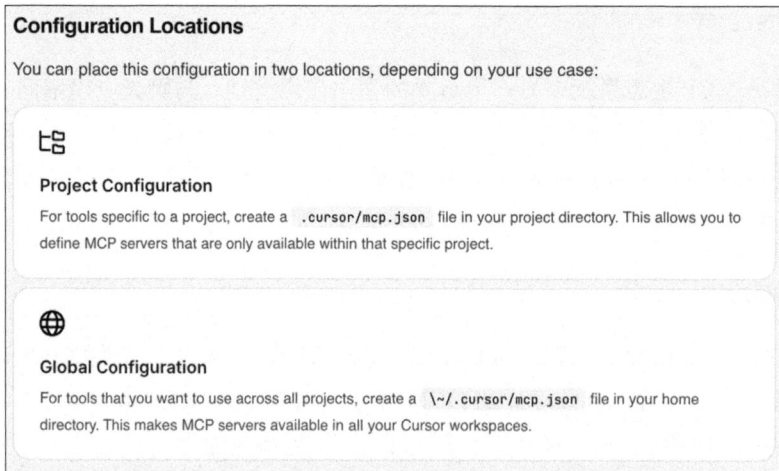

Configuration Locations

You can place this configuration in two locations, depending on your use case:

Project Configuration

For tools specific to a project, create a `.cursor/mcp.json` file in your project directory. This allows you to define MCP servers that are only available within that specific project.

Global Configuration

For tools that you want to use across all projects, create a `\~/.cursor/mcp.json` file in your home directory. This makes MCP servers available in all your Cursor workspaces.

图 7-7

• **项目模式（Project Configuration）** 通过在项目目录中创建 .cursor/mcp.json，定义仅在当前项目环境中可用的 MCP 服务器。适合项目特定的工具和数据源。

• **全局模式（Global Configuration）** 在用户主目录中创建 ~/.cursor/mcp.json 文件，定义在所有 Cursor 工作区中可用的 MCP 服务器。适合通用工具和个人偏好设置。

配置文件采用绝大多数客户端所采用的 JSON 格式，基本结构如下：

```
{
  "mcpServers": {
    "server-name": {
      "command": "npx",
      "args": ["-y", "mcp-server"],
      "env": {
        "API_KEY": "value"
      }
    }
  }
}
```

在上述配置文件中，env 字段允许指定环境变量，通常用于管理 API 密钥等敏感配置。

完成 MCP 服务器配置后，MCP 配置页面会显示 MCP 服务器列表，以及服务器连接状态，如图 7-8 所示。

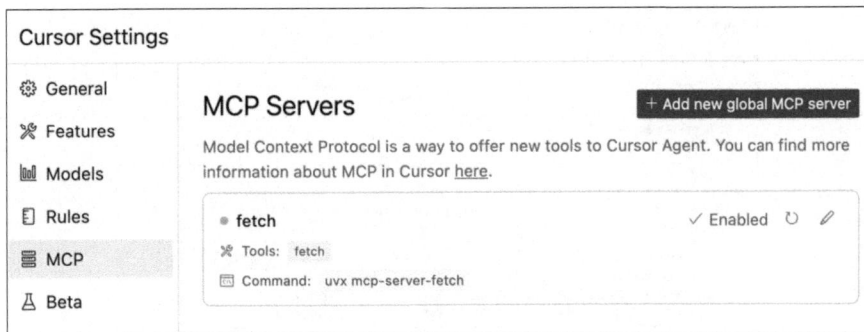

图 7-8

2. 工具使用与授权

默认情况下，当 Cursor 想要使用 MCP 工具时，界面中会显示一条消息（即"Calling MCP tool"）请求用户批准，如图 7-9 所示。

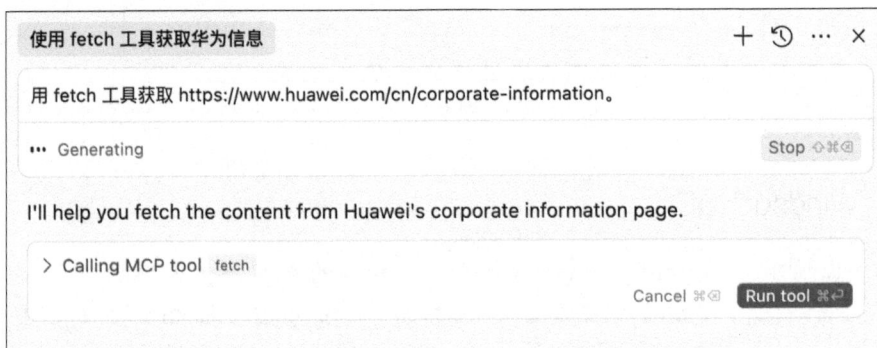

图 7-9

用户可以通过单击工具名称前面的箭头展开消息，查看调用工具的参数，如图 7-10 所示。

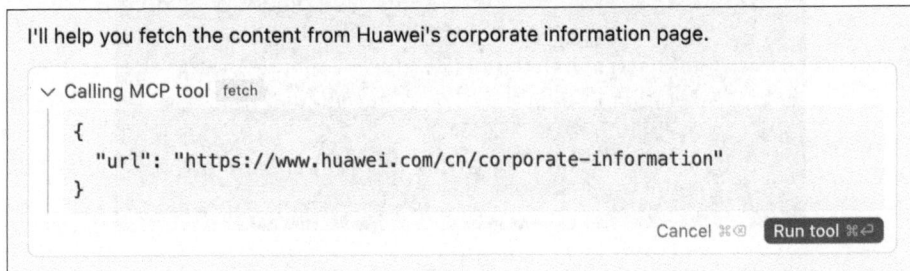

图 7-10

单击 Run tool 按钮，即可授权工具调用。此时界面中会显示类似的工具调用结果，以及 Cursor 最终的输出，如图 7-11 所示。

图 7-11

7.1.2.2 Windsurf IDE

如图 7-12 所示，Windsurf 是一款与 Cursor 同样优秀的 AI 集成开发环境。通过其 Cascade
特性，Windsurf 实现了与 MCP 的原生集成，支持用户自定义 AI 工具和服务，创造更加流畅的
编程体验。

图 7-12

Windsurf 的 Cascade 功能将 AI 与开发环境深度融合，创造了一种"流"（Flow）式的开
发体验——AI 既能像副驾驶一样协作，又能像代理一样独立处理复杂任务。MCP 的集成进一
步增强了这种能力，使 AI 可以连接到自定义工具和服务。

Cascade 的核心优势包括：

- 深度上下文感知能力，即使在大型生产代码库中也能提供相关建议；
- 命令建议和执行能力；
- 自动推理用户行动，可以从中断处继续工作；
- 多文件编辑和智能问题解决。

用户可以按照如下步骤在 Windsurf 中设置 MCP。

（1）导航至 Windsurf – Settings > Windsurf Settings 打开 Windsurf 设置页面，如图 7-13 所示。

图 7-13

（2）滚动到 Cascade 部分，单击 Add Server 按钮添加新的 MCP 服务器，如图 7-14 所示。

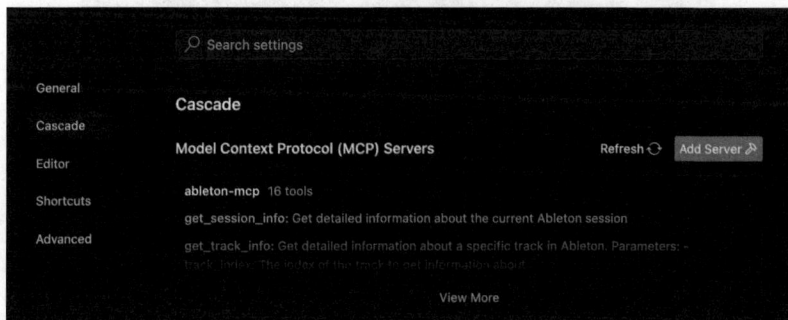

图 7-14

（3）如果需要，用户可以打开配置文件 ~/.codeium/windsurf/mcp_config.json 查看 MCP 服务器的配置情况。

与 Claude 桌面应用类似，Windsurf 的 MCP 配置文件遵循相同的 JSON 格式。配置完成后，Cascade 可以调用 MCP 服务器提供的工具，扩展其功能范围。

用户可以在 Windsurf Cascade 面板中单击聊天窗口中的锤子图标查看连接的 MCP 服务器以及它们支持的工具，如图 7-15 所示。

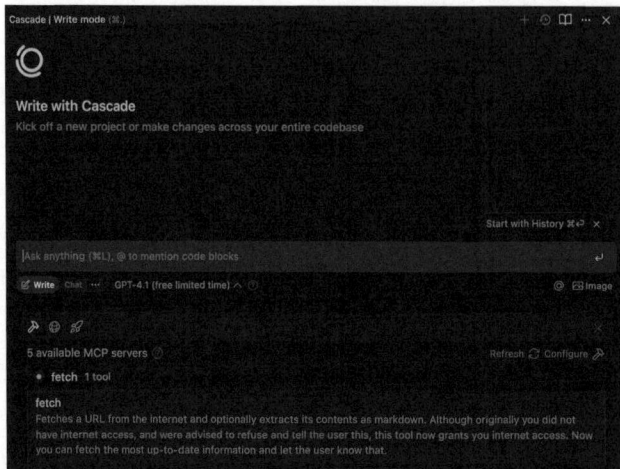

图 7-15

7.1.2.3　Visual Studio Code 的 Cline 扩展

如图 7-16 所示，Cline 是一款专注于对话式 AI 助手体验的工具，相当于知名集成开发环境 Visual Studio Code 中的扩展。

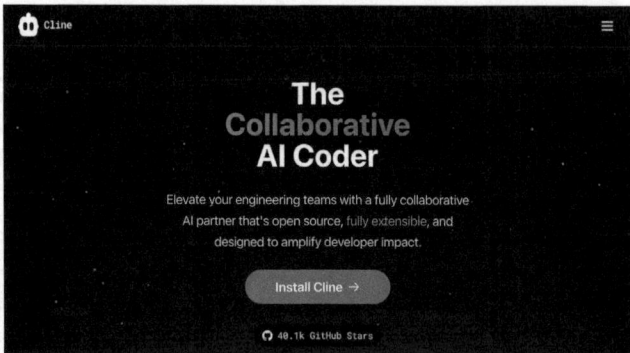

图 7-16

Cline 将 MCP 功能无缝集成到代码编辑器中。通过 Cline，开发者可以直接在 VS Code 中与 AI 助手交互，并利用 MCP 服务器扩展其能力。

1. MCP 与 Cline

MCP 在 Cline 中的实现遵循开放协议标准，使 AI 模型能够通过标准化接口访问各种数据源和工具。Cline 通过以下方式简化了 MCP 服务器的构建和集成。

- 自然语言理解：用户可以用自然语言指示 Cline 构建 MCP 服务器。
- 克隆和构建服务器：Cline 可以自动从 GitHub 克隆现有 MCP 服务器并构建它们。

- 配置和依赖管理：Cline 处理配置文件、环境变量和依赖关系。
- 故障排除和调试：Cline 帮助识别和解决开发过程中的错误。

2. 工具执行与集成

Cline 与 MCP 服务器可无缝集成，使用户能够：

- 执行服务器定义的工具；
- 基于对话上下文智能建议相关工具；
- 组合多个 MCP 服务器的功能，完成复杂任务。

例如，Cline 可以使用 GitHub 服务器获取数据，然后使用 Notion 服务器创建格式化报告，实现工作流自动化。

如图 7-17 所示，用户可以通过 Visual Studio Code 的扩展市场安装 Cline 扩展。

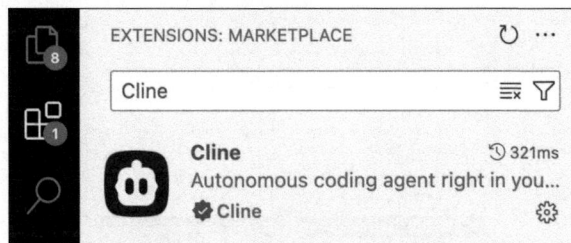

图 7-17

Cline 插件面板提供了 MCP 服务器市场，用户可以通过可视化的方式完成 MCP 服务器的安装与配置，如图 7-18 所示。

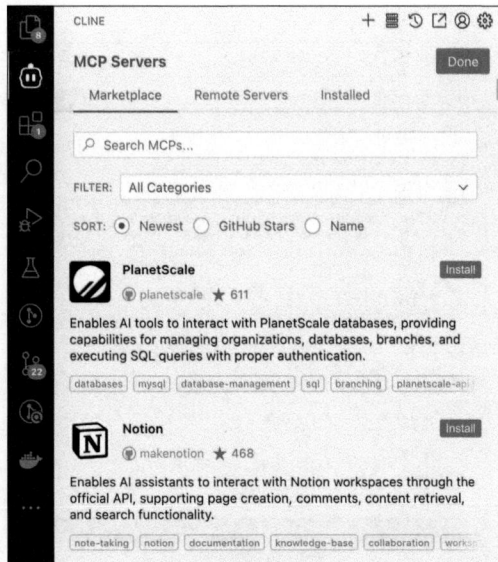

图 7-18

以 Notion MCP 服务器为例，用户可以单击 Install 按钮开启 Cline 的交互式安装流程，根据 MCP 服务器的安装配置需求执行命令。在配置过程中，用户可以亲自授权完成必要的文件操作，也可以选择授权 Cline 自动执行命令，如图 7-19 所示。

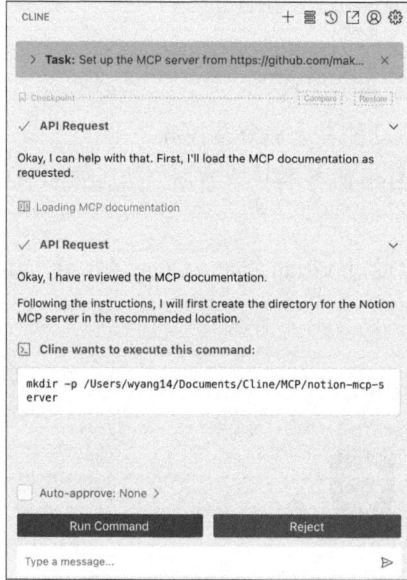

图 7-19

用户可以单击 Cline 面板的 Installed 标签页查看安装的 MCP 服务器及其状态，如图 7-20 所示。

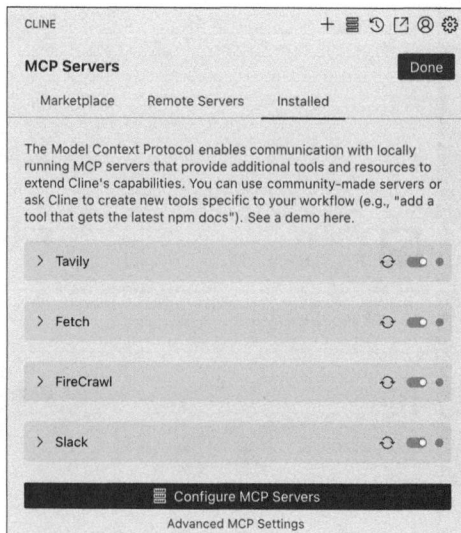

图 7-20

Cursor、Windsurf、Cline 这 3 款全新的 AI 编程工具开启了软件开发的新时代，它们各具特色，共同展示了 MCP 如何增强 AI 辅助编程，帮助开发者更高效地完成编码任务。

7.2　领域应用

MCP 的应用范围极其广泛，从基础设施到创意设计，从数据存储到通信服务，都有它的身影。在这一节中，我们将按照不同的应用领域，详细介绍一些典型的 MCP 服务器实现。

7.2.1　数据库服务

在现代应用开发中，数据库是不可或缺的基础设施。MCP 生态系统中已经出现了多个成熟的数据库 MCP 服务器实现，使 AI 助手能够直接与各类数据库系统进行交互。这不仅简化了数据库操作的复杂性，也为 AI 驱动的数据分析和管理提供了新的可能性。

本节以几款颇具代表性的数据库产品 MCP 服务器为例，详细介绍其功能特点及配置方式。

7.2.1.1　SQLite MCP 服务器

作为一个轻量级的嵌入式关系型数据库，SQLite 以其零配置、自包含和可靠性著称。SQLite MCP 服务器不仅提供了基础的数据库操作功能，还集成了数据分析能力。

SQLite MCP 服务器通过资源访问形式，不仅提供业务洞察数据管理功能和运行客户端持续更新的业务洞察备忘录（memo://insights），还能自动生成适合特定业务领域的数据库模式和示例数据。SQLite MCP 服务器提供了以下核心工具。

- read_query：执行 SELECT 查询读取数据。
- write_query：执行 INSERT、UPDATE 或 DELETE 等修改操作。
- create_table：创建新的数据表。
- list_tables：获取数据库中所有表的列表。
- describe_table：查看特定表的结构定义。
- append_insight：添加新的业务洞察到备忘录资源。

SQLite MCP 服务器支持 uv 和 docker 两种部署方式。

使用 uv 部署：

```
{
  "mcpServers": {
    "sqlite": {
      "command": "uv",
      "args": [
        "--directory",
```

```
          "path/to/sqlite",
          "run",
          "mcp-server-sqlite",
          "--db-path",
          "~/test.db"
        ]
      }
    }
  }
```

用户还可以通过以下配置利用 Docker 拉取 SQLite MCP 服务器镜像并运行服务器。

使用 Docker 部署：

```
{
  "mcpServers": {
    "sqlite": {
      "command": "docker",
      "args": [
        "run",
        "--rm",
        "-i",
        "-v",
        "mcp-test:/mcp",
        "mcp/sqlite",
        "--db-path",
        "/mcp/test.db"
      ]
    }
  }
}
```

> **小提示**
>
> SQLite MCP 服务器采用 MIT 许可证，开发者可以自由使用、修改和分发，这为定制化开发提供了充分的灵活性。

以基于 SQLite 数据库的商业分析为例，我们首先运行以下命令创建一个 SQLite 数据库文件，该数据库包含用户及产品数据。

```
sqlite3 analytics_demo.db << 'EOF'
-- Create users table
CREATE TABLE users (
    id INTEGER PRIMARY KEY,
    name TEXT NOT NULL,
    email TEXT NOT NULL,
    signup_date TEXT NOT NULL,
```

```
        last_login TEXT,
        country TEXT,
        age INTEGER
    );
    -- Create purchases table
    CREATE TABLE purchases (
        id INTEGER PRIMARY KEY,
        user_id INTEGER NOT NULL,
        product_name TEXT NOT NULL,
        category TEXT NOT NULL,
        purchase_date TEXT NOT NULL,
        amount REAL NOT NULL,
        FOREIGN KEY (user_id) REFERENCES users(id)
    );
    -- Insert mock data for users
    INSERT INTO users (name, email, signup_date, last_login, country, age) VALUES
        ('John Smith', 'john.smith@example.com', '2023-01-15', '2024-04-10', 'USA',
34),
        ('Emma Johnson', 'emma.j@example.com', '2023-02-20', '2024-04-12', 'Canada',
28),
        ('Miguel Rodriguez', 'miguel.r@example.com', '2023-01-30', '2024-04-08',
'Mexico', 41),
        ('Sophie Martin', 'sophie.m@example.com', '2023-03-05', '2024-04-11',
'France', 29),
        ('Yuki Tanaka', 'yuki.t@example.com', '2023-02-10', '2024-04-09', 'Japan',
31),
        ('Alex Chen', 'alex.c@example.com', '2023-04-12', '2024-04-13', 'China', 26),
        ('Priya Patel', 'priya.p@example.com', '2023-03-22', '2024-04-14', 'India',
33),
        ('David Wilson', 'david.w@example.com', '2023-01-05', '2024-04-07', 'UK',
39),
        ('Olivia Brown', 'olivia.b@example.com', '2023-02-28', '2024-04-15',
'Australia', 27),
        ('Lars Johansson', 'lars.j@example.com', '2023-03-17', '2024-04-10',
'Sweden', 36);
    -- Insert mock data for purchases
    INSERT INTO purchases (user_id, product_name, category, purchase_date, amount)
VALUES
        (1, 'Laptop Pro', 'Electronics', '2023-03-10', 799.99),
        (2, 'Running Shoes', 'Sports', '2023-03-15', 289.95),
        (3, 'Coffee Maker', 'Home', '2023-02-20', 449.50),
        (4, 'Language Course', 'Education', '2023-04-05', 699.00),
        (1, 'Wireless Headphones', 'Electronics', '2023-04-12', 159.99),
        (5, 'Cooking Set', 'Home', '2023-03-22', 349.75),
        (6, 'Smartphone X', 'Electronics', '2023-05-01', 899.00),
        (7, 'Meditation App', 'Digital', '2023-03-30', 249.99),
```

```
        (8, 'Business Book', 'Books', '2023-02-25', 424.95),
        (9, 'Fitness Tracker', 'Sports', '2023-04-18', 429.50),
        (2, 'Winter Jacket', 'Clothing', '2023-05-10', 589.95),
        (3, 'Gaming Console', 'Electronics', '2023-04-22', 499.99),
        (4, 'Smart Watch', 'Electronics', '2023-05-15', 349.00),
        (5, 'Travel Backpack', 'Travel', '2023-03-25', 479.95),
        (6, 'Office Chair', 'Furniture', '2023-04-30', 819.50),
        (7, 'Tablet Pro', 'Electronics', '2023-05-05', 649.00),
        (8, 'Premium Earbuds', 'Electronics', '2023-04-15', 159.95),
        (9, 'Yoga Mat', 'Sports', '2023-03-28', 345.99),
        (10, 'Blender', 'Home', '2023-04-10', 89.99),
        (1, 'External SSD', 'Electronics', '2023-05-20', 179.95);
-- Create sessions table for user analytics
CREATE TABLE sessions (
    id INTEGER PRIMARY KEY,
    user_id INTEGER NOT NULL,
    session_date TEXT NOT NULL,
    duration_minutes INTEGER NOT NULL,
    device TEXT NOT NULL,
    FOREIGN KEY (user_id) REFERENCES users(id)
);
-- Insert mock session data
INSERT INTO sessions (user_id, session_date, duration_minutes, device) VALUES
    (1, '2024-04-10', 45, 'Mobile'),
    (2, '2024-04-12', 30, 'Desktop'),
    (3, '2024-04-08', 15, 'Tablet'),
    (4, '2024-04-11', 60, 'Desktop'),
    (5, '2024-04-09', 25, 'Mobile'),
    (6, '2024-04-13', 40, 'Desktop'),
    (7, '2024-04-14', 20, 'Mobile'),
    (8, '2024-04-07', 35, 'Tablet'),
    (9, '2024-04-15', 50, 'Desktop'),
    (10, '2024-04-10', 15, 'Mobile'),
    (1, '2024-04-05', 30, 'Desktop'),
    (2, '2024-04-08', 25, 'Mobile'),
    (3, '2024-04-03', 45, 'Desktop'),
    (4, '2024-04-09', 20, 'Mobile'),
    (5, '2024-04-04', 35, 'Tablet');
-- Create product_views table for click tracking
CREATE TABLE product_views (
    id INTEGER PRIMARY KEY,
    user_id INTEGER NOT NULL,
    product_name TEXT NOT NULL,
    view_date TEXT NOT NULL,
    view_duration_seconds INTEGER NOT NULL,
    conversion_to_purchase BOOLEAN NOT NULL,
```

```
        FOREIGN KEY (user_id) REFERENCES users(id)
    );
    -- Insert mock product view data
    INSERT INTO product_views (user_id, product_name, view_date, view_duration_
seconds, conversion_to_purchase) VALUES
        (1, 'Laptop Pro', '2023-03-09', 180, 1),
        (2, 'Running Shoes', '2023-03-14', 120, 1),
        (3, 'Coffee Maker', '2023-02-19', 90, 1),
        (4, 'Language Course', '2023-04-04', 300, 1),
        (5, 'Cooking Set', '2023-03-21', 150, 1),
        (6, 'Smartphone X', '2023-04-30', 240, 1),
        (7, 'Meditation App', '2023-03-29', 60, 1),
        (8, 'Business Book', '2023-02-24', 75, 1),
        (9, 'Fitness Tracker', '2023-04-17', 120, 1),
        (10, 'Blender', '2023-04-09', 90, 1),
        (1, 'External SSD', '2023-05-19', 105, 1),
        (2, 'Wireless Earbuds', '2023-04-20', 80, 0),
        (3, 'Smart Speaker', '2023-04-25', 95, 0),
        (4, 'Desk Lamp', '2023-05-02', 45, 0),
        (5, 'Water Bottle', '2023-04-28', 30, 0);
    EOF
```

该命令将创建一个名为 analytics_demo.db 的数据库，该数据库包含 4 个主要表格。

- users 表——存储用户基本信息
  - id: 唯一标识符
  - name: 用户姓名
  - email: 用户电子邮箱
  - signup_date: 注册日期
  - last_login: 上次登录时间
  - country: 用户所在国家和地区
  - age: 用户年龄
- purchases 表——记录用户购买交易
  - id: 唯一标识符
  - user_id: 对应 users 表的外键
  - product_name: 产品名称
  - category: 产品类别
  - purchase_date: 购买日期
  - amount: 交易金额
- sessions 表——记录用户访问会话数据
  - id: 唯一标识符

- user_id: 对应 users 表的外键
- session_date: 会话日期
- duration_minutes: 会话持续时间（分钟）
- device: 用户使用的设备类型
- **product_views 表**——记录用户浏览产品的行为
  - id: 唯一标识符
  - user_id: 对应 users 表的外键
  - product_name: 产品名称
  - view_date: 浏览日期
  - view_duration_seconds: 浏览持续时间（秒）
  - conversion_to_purchase: 是否转化为购买

现在通过添加以下 MCP 服务器到 Claude 桌面应用的配置，集成该数据库。配置文件应使用 SQLite 数据库文件的绝对路径。

```
"sqlite": {
    "command": uvx",
    "args": [
        "mcp-server-sqlite",
        "--db-path",
        "/ABSOLUTE_PATH/analytics_demo.db"
    ]
}
```

重启 Claude 桌面应用，界面将展示 SQLite 工具列表，如图 7-21 所示。

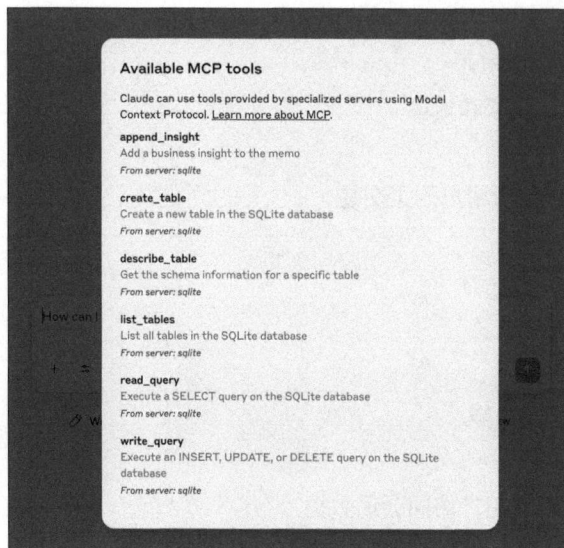

Available MCP tools

Claude can use tools provided by specialized servers using Model Context Protocol. Learn more about MCP.

append_insight
Add a business insight to the memo
From server: sqlite

create_table
Create a new table in the SQLite database
From server: sqlite

describe_table
Get the schema information for a specific table
From server: sqlite

list_tables
List all tables in the SQLite database
From server: sqlite

read_query
Execute a SELECT query on the SQLite database
From server: sqlite

write_query
Execute an INSERT, UPDATE, or DELETE query on the SQLite database
From server: sqlite

图 7-21

现在，用户可以通过聊天的方式开始数据分析工作。

（1）列出所有数据表格（见图 7-22）。

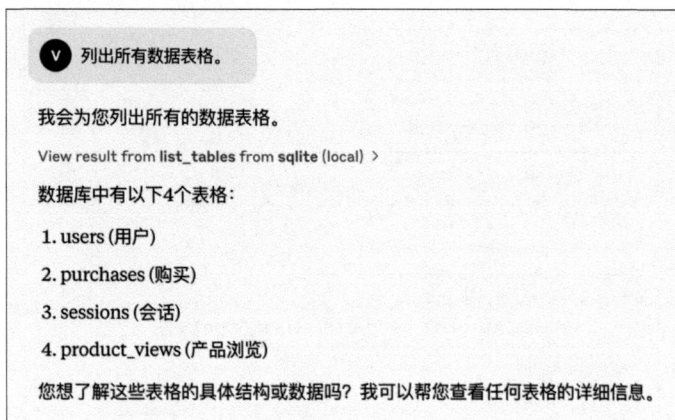

图 7-22

（2）解释所有表之间的关系（见图 7-23）。

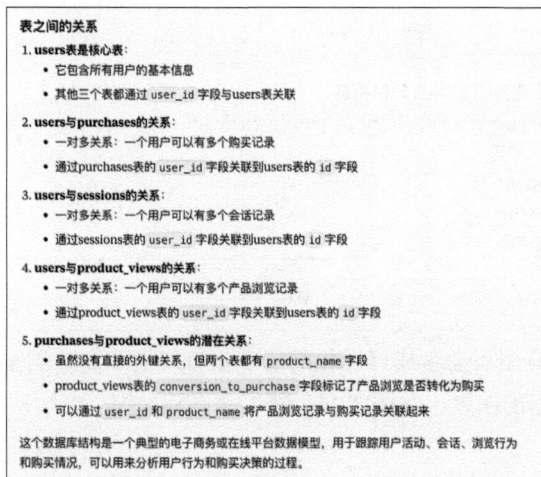

图 7-23

（3）基于表结构和数据完成商业分析，并用合适的图表呈现分析结果（见图 7-24）。

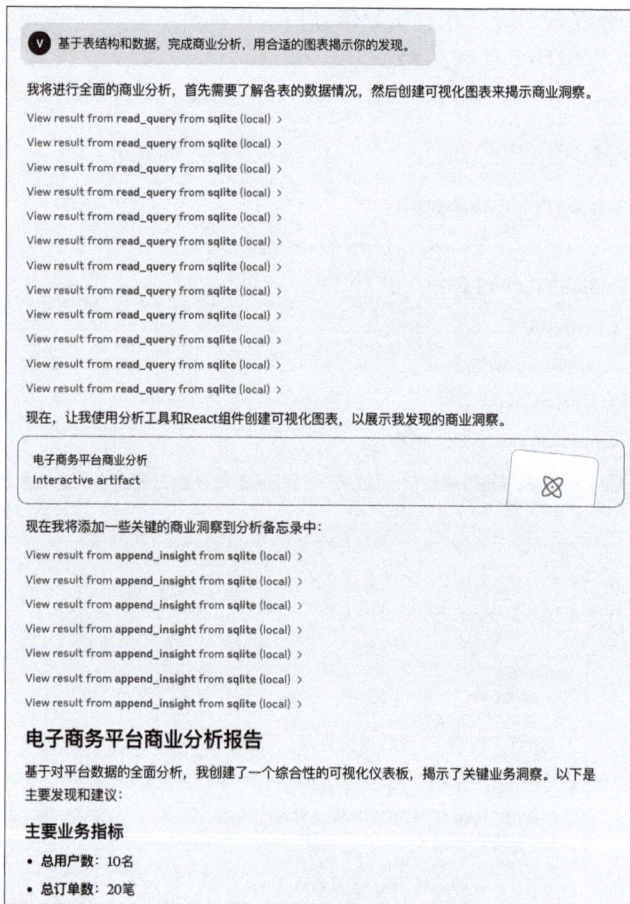

图 7-24

此外，Claude 桌面应用还会生成可视化的仪表盘直观展示商业洞察结果。仪表盘中包含一系列从不同视角解读数据的图表，如图 7-25~ 图 7-28 所示。

小提示

至此，我们通过精简的表述实现了与 AI 的交互，完成了第一轮次的对话。由于用户提出的需求描述比较简洁，因此 AI 在报表的生成过程中具有较强的随机性和局限性。你可以看到目前所获得的报表（参见图 7-25~ 图 7-28），其在呈现细节上仍有一些不尽如人意之处。用户可以继续与 AI 展开多轮次对话，对报表的呈现细节进行优化，以更好地满足个性化需求。

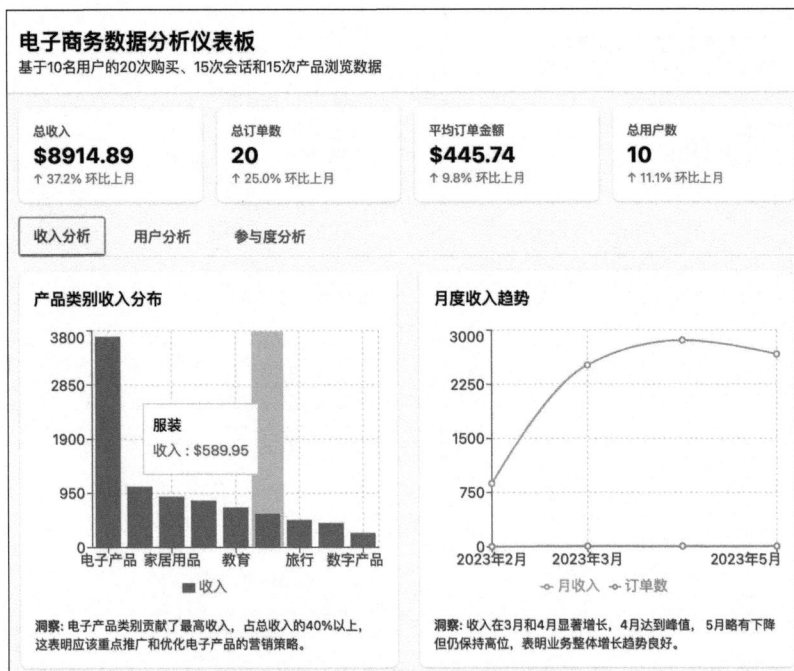

图 7-25

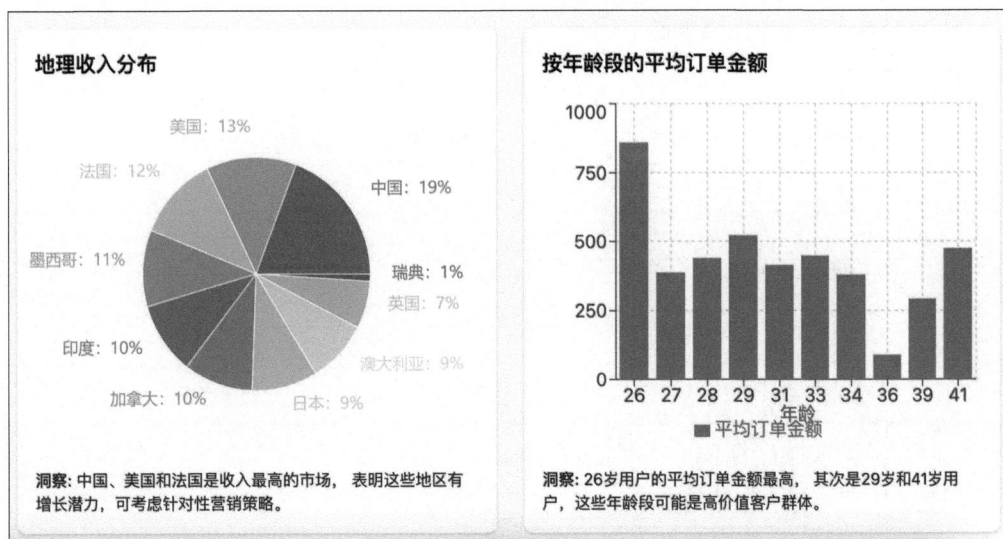

图 7-26

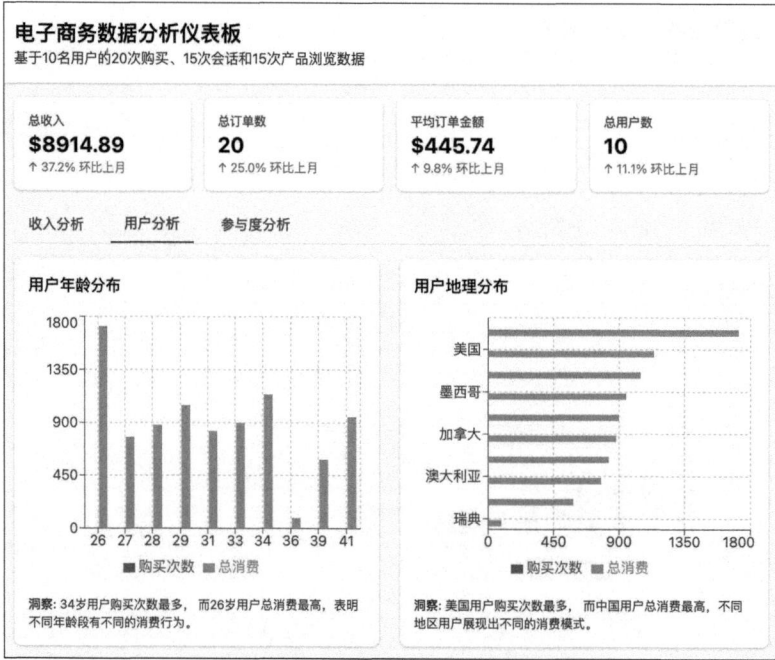

图 7-27

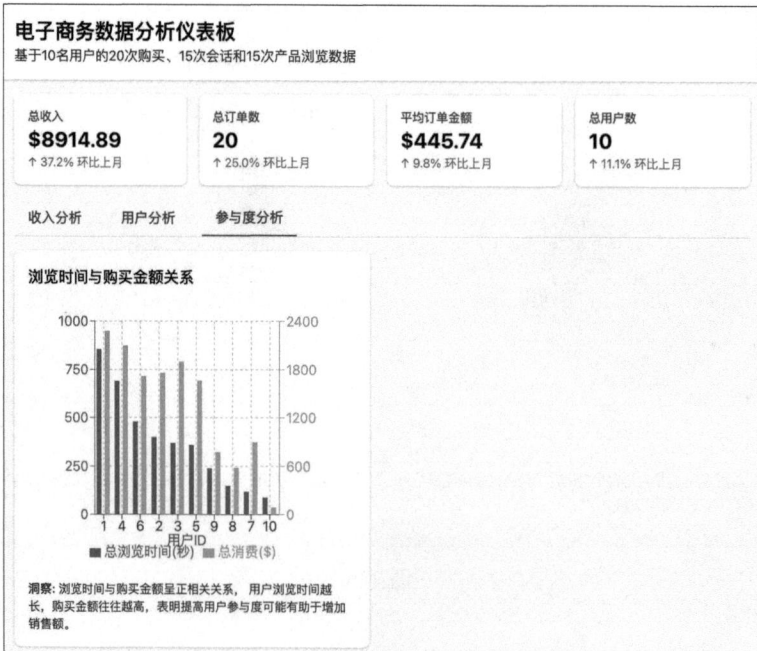

图 7-28

7.2.1.2　PostgreSQL MCP 服务器

PostgreSQL 是一个功能强大的开源对象关系数据库系统，以其可靠性、数据完整性和正确性而著称。PostgreSQL MCP 服务器提供了只读访问接口，聚焦于安全的数据查询和模式检查功能，特别适合需要严格控制数据访问权限的场景。PostgreSQL MCP 服务器提供了唯一的 MCP 工具——query。

PostgreSQL MCP 服务器会自动发现数据库表模式信息，并以资源的形式提供给 MCP 客户端。表模式资源的格式为：

```
postgres://<host>/<table>/schema
```

每个资源提供了如下信息：

- JSON 格式的表模式信息（postgres://<host>/<table>/schema）；
- 表的列名和数据类型信息。

需要注意的是，PostgreSQL MCP 服务器本身并不包含数据库，它需要连接到一个正常运行的 PostgreSQL 数据库实例。这个数据库实例可以是：

- 本地安装的 PostgreSQL 数据库；
- 运行在 Docker 容器中的数据库；
- 远程服务器上的数据库；
- 云服务商（如阿里云数据库 RDS PostgreSQL 版）托管的数据库。

这里以常见的本地开发场景为例，假设用户已经在本地安装并运行了 PostgreSQL 数据库，具体的配置情况如下：

- 端口 5432；
- 数据库 mydb。

以下介绍两种连接到本地数据库的部署方式——使用 Docker 部署和使用 npx 部署。

使用 Docker 部署：

```json
{
  "mcpServers": {
    "postgres": {
      "command": "docker",
      "args": [
        "run",
        "-i",
        "--rm",
        "mcp/postgres",
        "postgresql://host.docker.internal:5432/mydb"
      ]
    }
```

```
    }
  }
```

在 macOS 系统中使用 Docker 时，如果数据库运行在主机网络上，需要使用 host.docker.internal（这是因为 Docker 容器需要通过这个特殊的主机名来访问宿主机上运行的数据库）。

使用 npx 部署：

```
{
  "mcpServers": {
    "postgres": {
      "command": "npx",
      "args": [
        "-y",
        "@modelcontextprotocol/server-postgres",
        "postgresql://localhost/mydb"
      ]
    }
  }
}
```

PostgreSQL MCP 服务器同样采用 MIT 许可证，为开发者提供了充分的定制和扩展空间。其基于只读访问的设计理念，特别适合用于生产环境中的数据分析和审计场景。

7.2.1.3　Redis MCP 服务器

Redis 是一个开源的高性能键值存储数据库，以其高性能的内存数据存储和灵活的数据结构而闻名。Redis MCP 服务器提供了一套标准化的工具，使 AI 助手能够直接与 Redis 键值存储进行交互，适用于缓存、会话管理等高性能数据访问场景。

Redis MCP 服务器封装了 Redis 键值管理的主要操作，为 AI 助手提供了一组简洁而强大的数据操作工具，这些工具的组合使 AI 助手能够灵活地操作 Redis 数据库：

- set 命令可以设置键值对并支持过期时间；
- get 命令用于获取指定键的值；
- delete 命令可以删除一个或多个键；
- list 命令则支持使用模式匹配来列出相关的键。

这里以本地开发环境为例，如果用户已经在本地机器上运行了 Redis 服务器，需要满足以下要求：确保 Redis 运行在默认端口 6379 上；可以通过 localhost 访问；使用 redis-cli ping 命令测试并验证服务器已正常运行。

部署 Redis MCP 服务器有两种常见方式——使用 Docker 部署和使用 npx 部署。如果用户使用 macOS 系统，推荐采用 Docker 部署。

使用 Docker 部署：

```
{
  "mcpServers": {
    "redis": {
      "command": "docker",
      "args": [
        "run",
        "-i",
        "--rm",
        "mcp/redis",
        "redis://host.docker.internal:6379"
      ]
    }
  }
}
```

小提示

同样的，在 macOS 系统中使用 Docker 时，如果 Redis 运行在主机网络上，需要使用 host.docker.internal（这是因为 Docker 容器需要通过这个特殊的主机名来访问宿主机上运行的服务）。

如果用户希望直接在本机运行服务器，可以使用更简单的 npx 部署。

使用 npx 部署：

```
{
  "mcpServers": {
    "redis": {
      "command": "npx",
      "args": [
        "-y",
        "@modelcontextprotocol/server-redis",
        "redis://localhost:6379"
      ]
    }
  }
}
```

为了提高服务的可靠性，Redis MCP 服务器实现了智能的重试机制。当连接失败时，服务器会自动进行重试，初始延迟为 1 秒，随后采用指数增长策略，最长延迟不超过 30 秒。为了防止资源浪费，服务器最多尝试 5 次重连，之后会主动退出以避免无限重试。

通过这些工具和特性，AI 助手可以高效地管理键值数据、设置数据过期时间、执行批量操作、进行模式匹配查询，并监控缓存状态。Redis MCP 服务器采用开放的 MIT 许可证，不仅为开发者提供了充分的定制空间，其卓越的性能表现也使其成为缓存层、会话存储、实时计数器等高性能场景的理想选择。

7.2.1.4　Supabase MCP 服务器

Supabase 作为一个开源的后端即服务（Backend as a Service，BaaS）平台，提供了完整的数据库、认证和存储解决方案。通过 Supabase MCP 服务器，AI 助手能够直接与用户的 Supabase 项目进行交互，执行从项目管理到数据库操作的各类任务。

由于目前 Supabase MCP 服务器只支持 npx 的运行方式，因此在开始使用该 MCP 服务器之前，用户需要先安装 Node.js 环境，在不确定当前系统是否已安装该环境时，可以通过运行 node -v 命令进行检查。如果尚未安装，请访问 Node.js 官方网站下载并安装最新版本。

服务器的配置过程分为两个步骤。首先，用户需要在 Supabase 控制台单击 Generate new token 按钮，创建个人访问令牌（Personal Access Token），如图 7-29 所示。

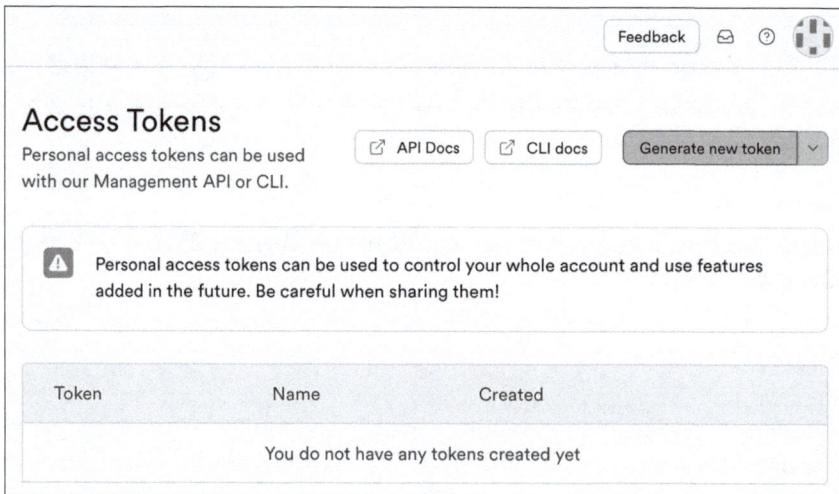

图 7-29

> **小提示**
>
> 请务必保存好这个令牌，因为它只显示一次。

接下来，用户需要配置 MCP 客户端来使用这个服务器，如果使用的是 Windows 系统，配置方式会略有不同，具体如下：

```
{
  "mcpServers": {
    "supabase": {
      "command": "cmd",
      "args": [
        "/c",
        "npx",
        "-y",
        "@supabase/mcp-server-supabase@latest",
        "--access-token",
        "<personal-access-token>"
      ]
    }
  }
}
```

对于其他操作系统，可以使用更简洁的配置：

```
{
  "mcpServers": {
    "supabase": {
      "command": "npx",
      "args": [
        "-y",
        "@supabase/mcp-server-supabase@latest",
        "--access-token",
        "<personal-access-token>"
      ]
    }
  }
}
```

Supabase MCP 服务器提供了丰富的工具集，可以分为以下几个主要类别。

首先，项目管理工具使 AI 助手能够列出和管理用户的 Supabase 项目。利用这些工具，AI 助手可以创建新项目、查看项目详情、暂停或恢复项目，以及管理组织信息。

其次，数据库操作工具提供了全面的数据库管理能力。AI 助手可以列出数据表和扩展、执行 SQL 查询、应用数据库迁移，还能查看各类服务（API、数据库、边缘函数等）的日志，这对于性能监控和问题排查特别有帮助。

再次，在项目配置方面，服务器提供了获取项目 API URL 和匿名 API 密钥的工具。对于付费用户，还支持分支管理功能，包括创建开发分支、管理迁移、合并更改等，这为团队协作提供了有力支持。

最后，服务器还提供了面向开发者的实用工具，比如根据数据库模式自动生成 TypeScript 类型定义，这有助于显著提升开发效率和代码质量。

7.2.2　网页内容获取

在 AI 助手的实际应用中，获取和处理网页内容是一项基本且重要的需求。MCP 生态系统中有许多优秀的用于处理网页内容的 MCP 服务器。本节将介绍非常具有代表性的两种服务器——轻量级的 Fetch MCP 服务器和功能强大的 Firecrawl MCP 服务器，并介绍这两个工具的特点和应用场景。

7.2.2.1　Fetch MCP 服务器

Fetch MCP 服务器提供了简单而高效的网页内容获取功能，它能够将网页内容转换为 Markdown 格式，使 AI 助手更容易处理和理解页面内容。服务器的核心功能围绕着唯一的工具 fetch 展开，该工具的功能包括：

- 设置最大返回字符数（默认为 5000 字符）；
- 指定内容起始位置，以便分块读取长页面；
- 提供原始内容模式，跳过 Markdown 转换。

用户可以选择以下任一方式进行部署配置。

使用 uvx 部署（推荐）：

```
{
  "mcpServers": {
    "fetch": {
      "command": "uvx",
      "args": [
        "mcp-server-fetch"
      ]
    }
  }
}
```

使用 Docker 部署：

```
{
  "mcpServers": {
    "fetch": {
      "command": "docker",
      "args": [
        "run",
        "-i",
        "--rm",
        "mcp/fetch"
      ]
    }
```

```
    }
  }
```

服务器还提供了一些实用的自定义选项：

- 可以控制是否遵循网站的 robots.txt 规则；
- 支持自定义 User-Agent；
- 可以配置代理服务器。

7.2.2.2　Firecrawl MCP 服务器

相比之下，Firecrawl MCP 服务器提供了更全面的网页内容获取和处理能力。它不仅支持基础的网页抓取，还提供了网站爬取、搜索、内容提取和深度研究等高级功能。

Firecrawl MCP 服务器支持 JavaScript 渲染的网页抓取，实现智能化 URL 发现和网站爬取。服务器内置网页搜索和内容提取，支持自动重试机制和速率限制，并且对移动端和桌面端视图提供支持，同时还为用户提供了内容智能过滤。

Firecrawl MCP 服务器提供的完整工具集如下。

- 单页面抓取（firecrawl_scrape）支持多种输出格式（Markdown、HTML 等）及标签包含和排除规则，可以指定等待时间和超时设置。
- 批量抓取（firecrawl_batch_scrape）可实现高效的并行处理，内置速率限制，并支持状态查询。
- 网页搜索（firecrawl_search）支持多语言和地区设置，自定义结果数量限制，并且支持直接提取搜索结果内容。
- 网站爬取（firecrawl_crawl）可控制爬取深度和范围，并支持外链处理及 URL 去重。
- 结构化提取（firecrawl_extract）借助 LLM 能力提取特定信息，支持自定义提取模式，并结合网页搜索扩展上下文。
- 深度研究（firecrawl_deep_research）可以智能整合多个来源的信息，自动进行多层次研究，生成研究报告。

Firecrawl MCP 服务器通过调用 Firecrawl 的 API 提供工具服务。Firecrawl 提供了云端服务，用户不需要本地部署，仅需要一个 API 密钥即可使用其服务。

访问 Firecrawl 官方网站完成注册与登录，即可在控制台创建 API Key，如图 7-30 所示。

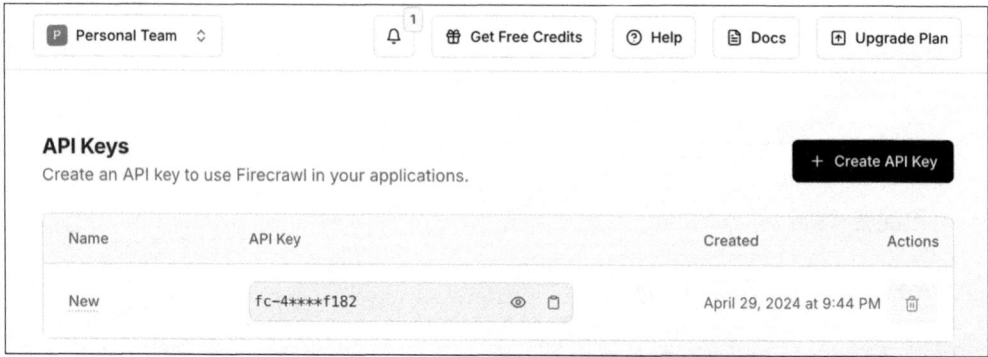

图 7-30

Firecrawl MCP 服务器配置示例如下：

```
{
  "mcpServers": {
    "firecrawl-mcp": {
      "command": "npx",
      "args": [
        "-y",
        "firecrawl-mcp"
      ],
      "env": {
        "FIRECRAWL_API_KEY": "YOUR-API-KEY"
      }
    }
  }
}
```

对于开源项目，用户也可以遵从项目许可约定，自行部署运行。以 Docker 容器运行为例，本地部署步骤如下。

（1）通过以下命令克隆代码仓库：

git clone https://github.com/mendableai/firecrawl.git。

（2）准备 .env 环境变量文件：

在 apps/api 目录下复制 .env.example 为 .env。

（3）通过以下命令运行 docker 容器：

在项目根目录下，运行 docker compose up -d。

这种部署方式支持 Firecrawl 以容器化的方式在后台运行。当 Firecrawl 运行在本地时，API 默认监听在端口 3002。对应的 MCP 服务器配置示例如下：

```
{
  "mcpServers": {
```

```
    "firecrawl-mcp": {
      "command": "npx",
      "args": [
        "-y",
        "firecrawl-mcp"
      ],
      "env": {
        "FIRECRAWL_API_KEY": "",
        "FIRECRAWL_API_URL": "http://localhost:3002"
      }
    }
  }
}
```

这两个 MCP 服务器（Fetch MCP 服务器和 Firecrawl MCP 服务器）为不同场景提供了互补的解决方案。Fetch MCP 服务器适合简单的网页内容获取需求，操作直观，部署简单。而 Firecrawl MCP 服务器则适合需要深度内容分析、批量处理或结构化数据提取的场景。开发者可以根据具体需求选择合适的工具。

7.2.3　设计与创意工具

AI 助手的应用领域正在从传统的文本和代码处理向设计与创意领域扩展。MCP 生态系统提供了多个与流行设计和创意工具集成的服务器，使 AI 助手能够直接参与设计流程、3D 建模和游戏开发。本节将介绍 3 个有代表性的 MCP 服务器，分别是 Figma、Blender 和 Unity。

7.2.3.1　Figma MCP 服务器

如图 7-31 所示，Figma 作为一款流行的设计工具，在现代 UI/UX 设计流程中占据重要地位。它支持用户创建线框图、原型和高保真的网站与移动应用设计。作为一个全方位的设计平台，Figma 支持实时协作，使多个团队成员能够同时处理同一项目；提供版本控制功能，方便管理设计的不同版本；并支持在多种设备上预览设计效果。此外，Figma 还提供了丰富的功能，包括设计系统管理、多种格式的设计导出、可扩展的插件系统及 FigJam[①] 协作白板工具，用户可基于 Figma 完成从创意构思到最终设计实现的完整工作流程解决方案。Figma 的开放社区为用户提供了大量可访问的资源、组件和模板，使设计过程更加高效和灵活。

---

① FigJam 是 Figma 推出的协作白板工具，可帮助团队在同一平台上构思创意、达成共识并推进相关工作。

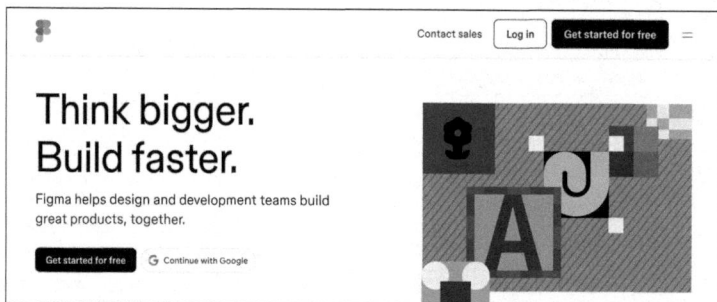

图 7-31

Figma MCP 服务器为 AI 助手提供了直接访问 Figma 设计文件的能力，这使设计到代码的转换过程变得更加流畅和精准。

与传统的设计实现方法相比，通过 MCP 服务器，AI 助手能够获取更为精确的设计元数据，更好地理解组件结构和样式信息，从而一次性准确完成设计。服务器在传递信息前会简化和转换 Figma API 的响应，确保只提供最相关的布局和样式信息，这有助于提高 AI 的精确度和响应相关性。

Figma MCP 服务器的工作流程非常直观。比如，在 Cursor 集成开发环境的聊天界面中提供 Figma 文件、框架或组的链接，然后要求它基于该设计完成代码实现。Cursor 会自动从 Figma 获取相关元数据，并利用这些信息完成精准的代码实现。

配置 Figma MCP 服务器需要在个人设置页面创建 Figma API 访问令牌，如图 7-32 和图 7-33 所示。

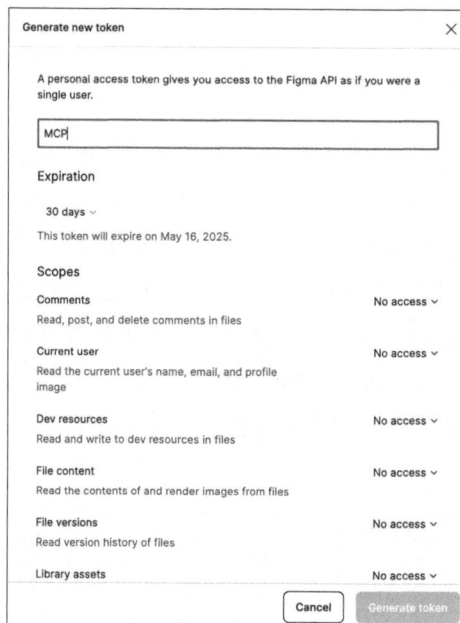

图 7-32

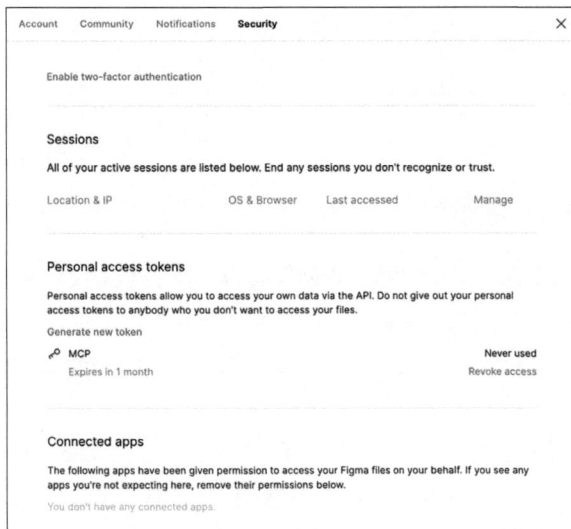

图 7-33

对于 macOS 和 Linux 用户，配置示例如下：

```
{
  "mcpServers": {
    "figma": {
      "command": "npx",
      "args": [
        "-y",
        "figma-developer-mcp",
        "--figma-api-key=YOUR-KEY",
        "--stdio"
      ]
    }
  }
}
```

而 Windows 用户则需要稍作调整：

```
{
  "mcpServers": {
    "Framelink Figma MCP": {
      "command": "cmd",
      "args": [
        "/c",
        "npx",
        "-y",
        "figma-developer-mcp",
        "--figma-api-key=YOUR-KEY",
```

```
        "--stdio"
    ]
  }
}
}
```

7.2.3.2 Blender MCP 服务器

Blender 是一款功能强大的免费开源 3D 创作套件，支持包括 3D 建模、动画制作、绑定、模拟、渲染、合成、运动跟踪和视频编辑在内的各类任务，广泛应用于动画电影制作、视觉效果创建、3D 打印设计、游戏开发、建筑设计、动态图形制作、交互式 3D 应用程序开发和虚拟现实内容创作等领域。

Blender 的开源特性使其成为一个由社区驱动的项目，可在 Windows、macOS 和 Linux 等多个平台上运行，并提供丰富的功能集，包括专业级的 3D 建模工具、角色动画与绑定系统、物理和流体模拟、高质量渲染引擎、合成与运动跟踪功能、视频编辑能力及 Python 脚本扩展性。

Blender MCP 服务器将 Blender 3D 建模软件与 AI 助手连接起来，使 AI 能够直接与 Blender 交互并控制其功能。这种集成为 AI 辅助的 3D 建模、场景创建和操作提供了新的可能性，甚至能够帮助不具备建模经验及 Blender 使用经验的人快速上手 3D 建模。

Blender MCP 服务器包含两个主要组件：在 Blender 内部创建 socket 服务器的插件（addon.py）和实现 MCP 连接到该插件的 Python 服务器。这种架构能够确保在 AI 助手与 Blender 之间实现双向通信。

服务器提供的主要功能如下。

- 对象操作：创建、修改和删除 Blender 中的 3D 对象。
- 材质控制：应用和修改材质种类与颜色。
- 场景检查：获取当前 Blender 场景的详细信息。
- 代码执行：在 Blender 中运行 Python 代码。
- Poly Haven 资源集成：下载和使用高质量的 3D 模型、纹理和 HDRI。
- Hyper3D Rodin 支持：利用 AI 生成 3D 模型。

在开始使用 Blender MCP 服务器之前，用户需要安装 Blender 3.0 或更高版本、Python 3.10 或更高版本，以及 uv 包管理器。在 Claude 桌面应用中配置服务器的示例如下：

```
{
  "mcpServers": {
    "blender": {
      "command": "uvx",
      "args": [
        "blender-mcp"
      ]
```

```
      }
    }
  }
```

完成 MCP 服务器配置后，还需要在 Blender 应用程序中安装插件 addon.py，具体的安装步骤如下。

（1）从 Blender MCP GitHub 代码仓库下载插件脚本 addon.py，如图 7-34 所示。

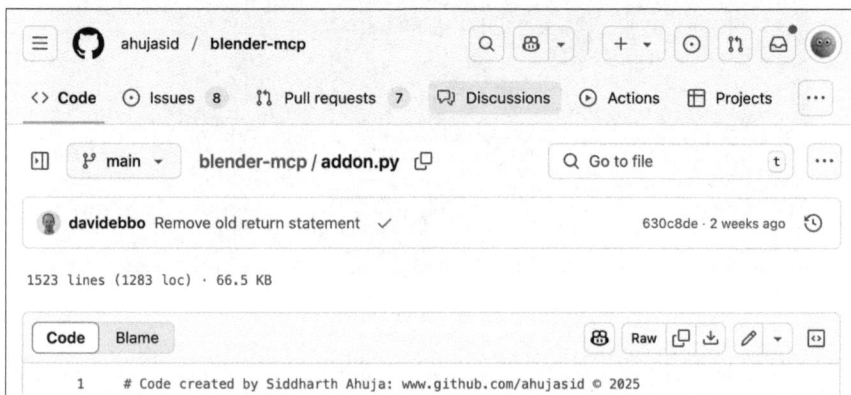

图 7-34

（2）打开 Blender 应用程序。

（3）单击菜单命令 Edit > Preferences，如图 7-35 所示。

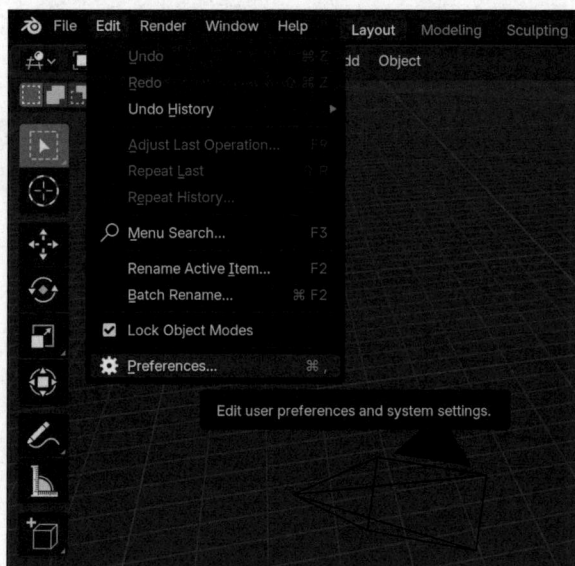

图 7-35

（4）在左侧菜单选择 Add-ons 标签，并在右上角弹出菜单单击 Install from Disk 命令，如图 7-36 所示。

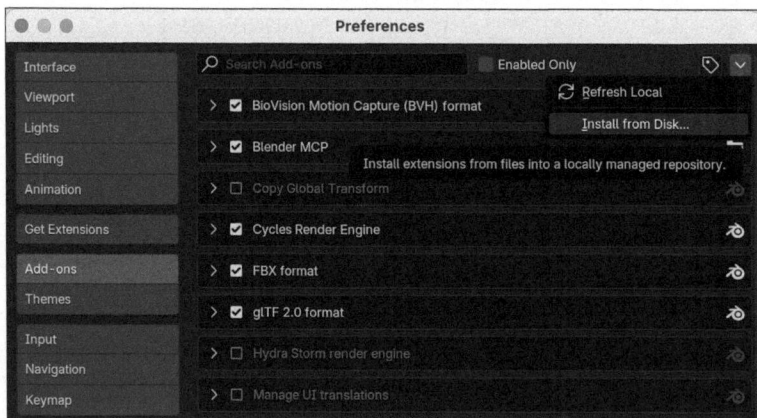

图 7-36

（5）在文件管理器中选择下载的 addon.py，确保 Enable on Install 选项已勾选，再单击 Install from Disk 按钮，如图 7-37 所示。

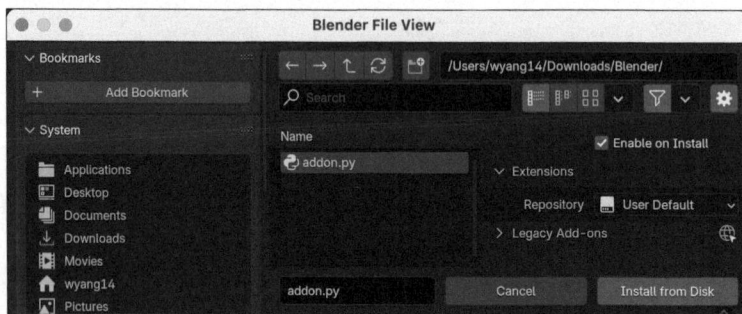

图 7-37

（6）完成安装后，Blender MCP 会出现在 Addons 列表中，如图 7-38 所示。

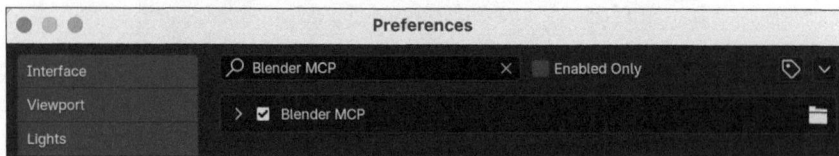

图 7-38

现在用户可以在 Blender 的 3D 视图侧边栏中找到 Blender MCP 标签，通过单击 Start MCP Server 按钮启动连接，如图 7-39 所示。

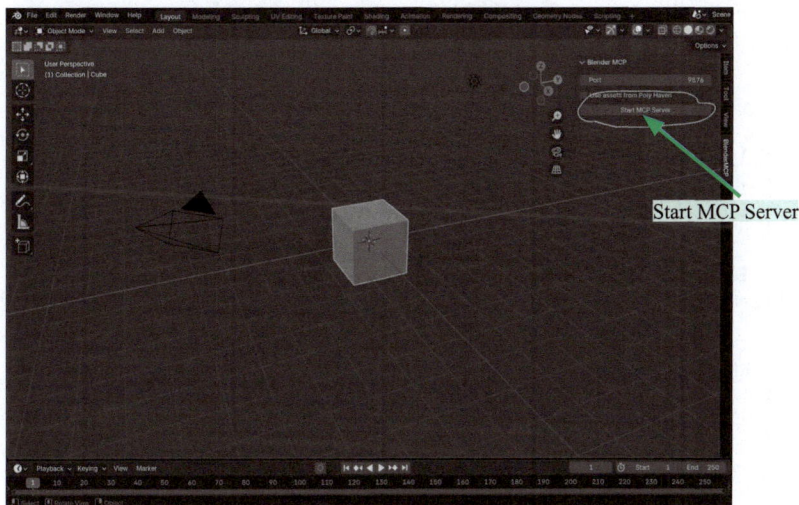

图 7-39

现在一切就绪，我们就可以在集成了 Blender MCP 服务器的客户端通过聊天交互的方式开始 3D 建模之旅啦！

> **小提示**
>
> Blender MCP 服务器提供的 execute_blender_code 工具允许在 Blender 中运行任意 Python 代码，这既强大又暗藏危险，须谨慎使用。

7.2.4　向量数据库

随着 AI 应用的普及，向量数据库已成为存储和检索语义信息的关键基础设施，它在 RAG 系统中得到了广泛的应用。MCP 生态系统中有多个优秀的面向向量数据库的 MCP 服务器产品，支持 AI 助手直接与向量数据库交互，实现知识库查询、语义搜索和上下文记忆等功能。本节将介绍 3 个主要的 MCP 服务器，分别是 Chroma、Milvus 和 Qdrant。

7.2.4.1　Chroma MCP 服务器

如图 7-40 所示，Chroma 是一个开源的嵌入式向量数据库，以其简洁高效的设计在 AI 应用领域广受欢迎。

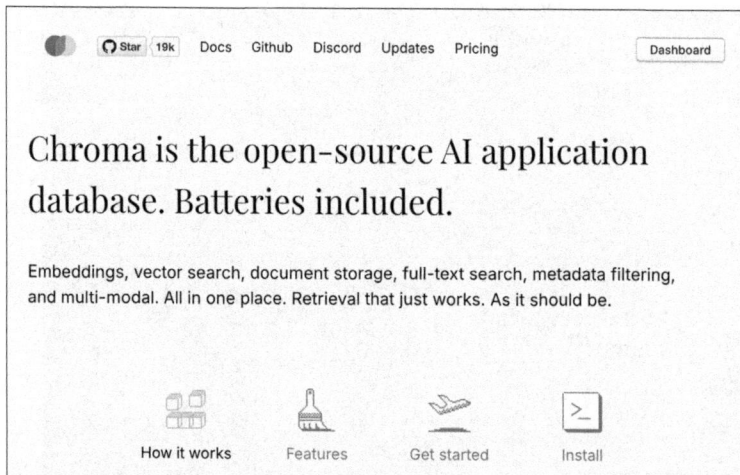

图 7-40

Chroma 官方在第一时间对 MCP 提供了支持，在 GitHub 开源了 Chroma MCP 服务器，为 AI 助手提供了强大的数据检索能力，使其能够基于向量搜索、全文检索和元数据过滤等方式获取所需信息。Chroma MCP 服务器提供了丰富的集合管理功能，支持用户创建、修改和删除集合，获取集合信息和统计数据，优化向量搜索的参数配置，以及在创建集合时选择合适的文本嵌入函数。在文档操作方面，该服务器支持用户添加带有元数据的文档，使用语义搜索查询文档，通过高级过滤器筛选数据，以及进行全文检索。

Chroma MCP 服务器支持多种文本嵌入函数，包括 default、cohere、openai、jina、voyageai 和 roboflow。需要注意的是，文本嵌入函数会在集合创建时确定并配置，系统会在后续查询和插入操作中自动使用相同的函数，无须重复指定。

如果用户需要在 Claude 桌面应用中基于 Chroma 临时客户端集成 MCP 服务器，可以在 claude_desktop_config.json 文件中添加如下配置：

```json
{
  "mcpServers": {
    "chroma": {
      "command": "uvx",
      "args": [
        "chroma-mcp"
      ]
    }
  }
}
```

而对于需要持久化 Chroma 数据的场景，可以通过命令行参数 --data-dir 指定数据目录：

```
{
  "mcpServers": {
    "chroma": {
      "command": "uvx",
      "args": [
        "chroma-mcp",
        "--client-type",
        "persistent",
        "--data-dir",
        "/full/path/to/your/data/directory"
      ]
    }
  }
}
```

Chroma 提供了云端服务，开发者不需要任何本地部署，仅仅通过 API Key，就可以使用云端向量数据库服务。如果要连接到 Chroma Cloud，则需提供相应的账号与 API Key。其对应的 MCP 服务器配置如下：

```
{
  "mcpServers": {
    "chroma": {
      "command": "uvx",
      "args": [
        "chroma-mcp",
        "--client-type",
        "cloud",
        "--tenant",
        "your-tenant-id",
        "--database",
        "your-database-name",
        "--api-key",
        "your-api-key"
      ]
    }
  }
}
```

7.2.4.2　Milvus MCP 服务器

如图 7-41 所示，Milvus 是一款开源的高性能向量数据库系统。Milvus 专门针对大规模向量提供检索优化功能，支持以 Python 包或 Docker 容器的形式运行。

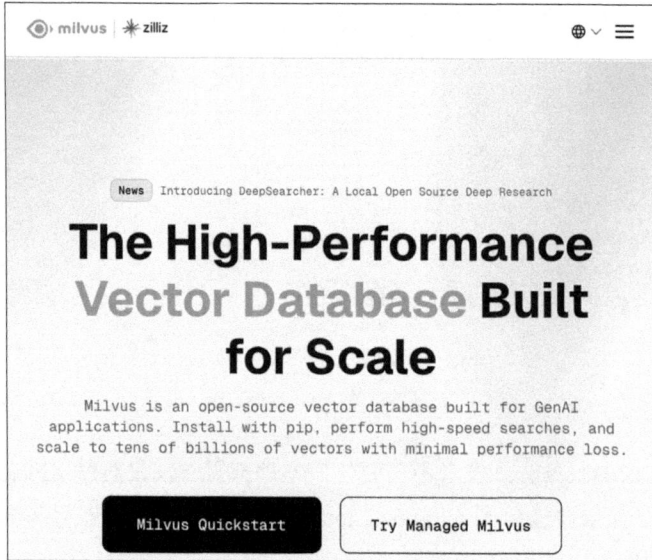

图 7-41

开源社区同样为 Milvus 提供了 MCP 支持。Milvus MCP 服务器为 AI 助手提供了访问 Milvus 功能的标准化接口，使其能够执行复杂的向量搜索和查询操作。该服务器提供的搜索和查询功能十分全面，例如：

- 借助 milvus_text_search 工具，使用全文检索找到相关文档；
- 借助 milvus_vector_search 工具，在集合中执行向量相似度搜索；
- 使用 milvus_query 工具过滤表达式，查询集合数据。

在集合管理方面，该服务器支持列出所有集合、创建新集合、加载集合到内存，以及从内存中释放集合。对于数据操作，用户可以将数据插入集合中，并根据过滤表达式删除实体。

Milvus MCP 服务器可以与多种支持 MCP 的应用程序一起使用，包括 Claude 桌面应用、Cursor 和其他遵从 MCP 规范的客户端应用程序。

如果需要在 Claude 桌面应用中配置 Milvus MCP 服务器，可以按以下方式编辑配置文件：

```
{
  "mcpServers": {
    "milvus": {
      "command": "uv",
      "args": [
        "--directory",
        "/path/to/mcp-server-milvus/src/mcp_server_milvus",
        "run",
        "server.py",
        "--milvus-uri",
```

```
        "http://localhost:19530"
    ]
  }
 }
}
```

> **小提示**
>
> 在该配置下，开发者需要将代码仓库克隆到本地环境。在上述示例配置中，已假设
> 代码仓库已被克隆到了本地目录 /path/to/mcp-server-milvus/src/mcp_server_milvus。

7.2.4.3　Qdrant MCP 服务器

如图 7-42 所示，Qdrant 是一款高效的开源向量搜索引擎，聚焦于高精度和高性能的相似性搜索。

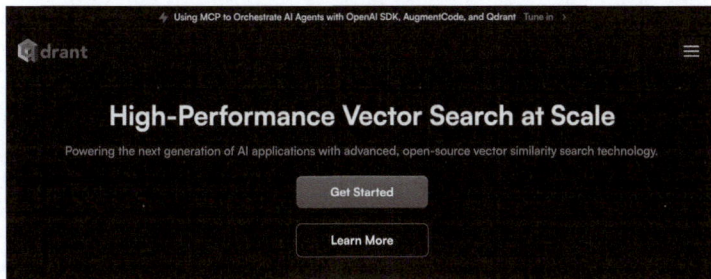

图 7-42

Qdrant 官方提供了对 MCP 的支持。Qdrant MCP 服务器为 AI 助手提供了语义记忆层，使其能够存储和检索结构化的向量信息。该服务器提供了以下两个核心工具：

- qdrant-store 用于将信息存储到 Qdrant 数据库中，支持添加可选的元数据；
- qdrant-find 用于根据查询从 Qdrant 数据库中检索相关信息。

这种简洁的设计使 AI 助手能够轻松建立和查询语义记忆，为对话提供持久的上下文支持。Qdrant MCP 服务器提供了丰富的个性化配置，配置选项如下。

- QDRANT_URL：Qdrant 服务器的 URL。
- QDRANT_API_KEY：Qdrant 服务器的 API 密钥。
- COLLECTION_NAME：集合名称。
- QDRANT_LOCAL_PATH：本地 Qdrant 数据库路径（可代替 QDRANT_URL）。
- EMBEDDING_PROVIDER：文本嵌入模型供应商提供者（目前仅支持 fastembed）。
- EMBEDDING_MODEL：使用的文本嵌入模型。
- TOOL_STORE_DESCRIPTION：存储工具的描述。

- TOOL_FIND_DESCRIPTION：查找工具的描述。

> **小提示**
>
> fastembed 是 Qdrant 发布的轻量级 Python 开发包，用于文本嵌入生成。它支持多种流行的文本嵌入模型，比如 BAAI/bge-small-en-v1.5、BAAI/bge-small-zh-v1.5、snowflake/snowflake-arctic-embed-xs、sentence-transformers/all-MiniLM-L6-v2 等。

Qdrant MCP 服务器支持多种传输协议，包括 STDIO 和 SSE。用户如果需要在 Claude 桌面应用中使用 Qdrant MCP 服务器连接远程 Qdrant 服务器，可以添加以下配置：

```
{
  "mcpServers": {
    "qdrant": {
      "command": "uvx",
      "args": [
        "mcp-server-qdrant"
      ],
      "env": {
        "QDRANT_URL": "https://your-qdrant.eu-central.aws.cloud.qdrant.io:6333",
        "QDRANT_API_KEY": "your_api_key",
        "COLLECTION_NAME": "your-collection-name",
        "EMBEDDING_MODEL": "Alibaba-NLP/gte-Qwen2-7B-instruct"
      }
    }
  }
}
```

对于本地部署运行的 Qdrant，配置如下：

```
{
  "mcpServers": {
    "qdrant": {
      "command": "uvx",
      "args": [
        "mcp-server-qdrant"
      ],
      "env": {
        "QDRANT_LOCAL_PATH": "/path/to/qdrant/database",
        "COLLECTION_NAME": "your-collection-name",
        "EMBEDDING_MODEL": "Alibaba-NLP/gte-Qwen2-7B-instruct"
      }
    }
  }
}
```

除了基础功能，开发者也可以通过环境变量 TOOL_STORE_DESCRIPTION 和 TOOL_FIND_DESCRIPTION 配置存储和检索工具的自然语言描述，将 Qdrant MCP 服务器转变为专门的代码搜索工具，从而实现基于语义搜索和查找相关代码。正是这种灵活性使 Qdrant MCP 服务器能够适应各种特定领域的应用场景。

7.3　开发者工具与服务

除了基础设施和应用服务，MCP 生态系统还包含丰富的开发者工具与协作服务，这些服务使 AI 助手能够深度参与软件开发流程和团队协作过程，成为开发者和团队成员的得力助手。本节将介绍两个重要的 MCP 服务器——GitHub MCP 服务器和 Slack MCP 服务器，它们分别代表代码协作和团队沟通的核心平台。

7.3.1　GitHub MCP 服务器

GitHub 作为全球最大的代码托管平台，是软件开发过程中不可或缺的工具。如图 7-43 所示，本节介绍的 GitHub MCP 服务器由 MCP 官方代码仓库发布并维护，它支持 AI 助手直接与 GitHub API 交互，使其能够管理仓库、处理文件、创建和响应问题，以及参与代码审查过程。

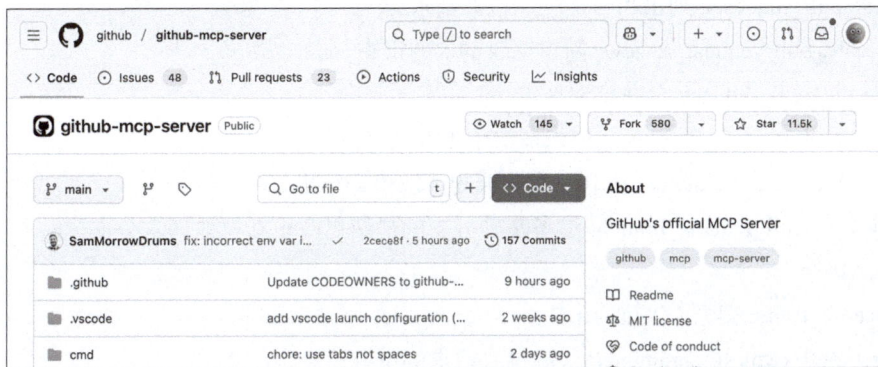

图 7-43

GitHub MCP 服务器提供了一套全面的 MCP 工具，可以分为以下几个主要类别。

- 文件和代码管理
  - create_or_update_file: 创建或更新仓库中的单个文件。
  - push_files: 在单个提交中推送多个文件。
  - get_file_contents: 获取文件或目录的内容。
  - search_code: 使用 GitHub 代码搜索语法搜索代码。

- 仓库管理
  - create_repository: 创建新的 GitHub 仓库。
  - search_repositories: 搜索 GitHub 仓库。
  - fork_repository: 分叉仓库。
  - create_branch: 创建新分支。
  - list_commits: 获取仓库分支的提交记录。
- 问题和拉取请求
  - create_issue: 创建新问题。
  - list_issues: 列出和筛选仓库问题。
  - update_issue: 更新现有问题。
  - add_issue_comment: 为问题添加评论。
  - get_issue: 获取问题的详细信息。
  - search_issues: 搜索问题和拉取请求。
- 拉取请求管理
  - create_pull_request: 创建新的拉取请求。
  - get_pull_request: 获取特定拉取请求的详细信息。
  - list_pull_requests: 列出和筛选仓库拉取请求。
  - create_pull_request_review: 创建拉取请求的审查。
  - merge_pull_request: 合并拉取请求。
  - get_pull_request_files: 获取拉取请求中更改的文件列表。
  - get_pull_request_status: 获取拉取请求的状态检查结果。
  - update_pull_request_branch: 参考基础分支的最新更改更新拉取请求分支。
- 团队协作
  - search_users: 搜索 GitHub 用户。
  - get_pull_request_comments: 获取拉取请求的审查评论。
  - get_pull_request_reviews: 获取拉取请求的审查。
  - 要使用 GitHub MCP 服务器，开发者首先需要创建 GitHub 个人访问令牌（Personal Access Token），具体操作步骤如下。

（1）前往 GitHub 个人访问令牌页面，如图 7-44 所示。

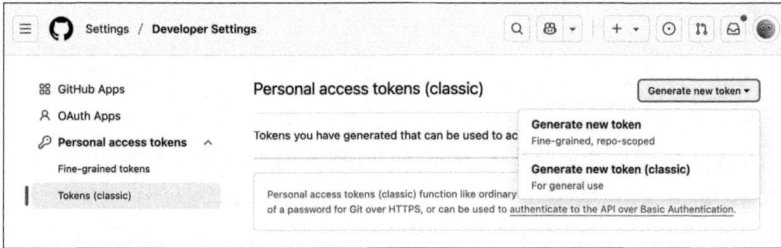

图 7-44

（2）单击图 7-44 中的 Generate new token (classic) 标签，即可生成新的令牌，如图 7-45 所示。

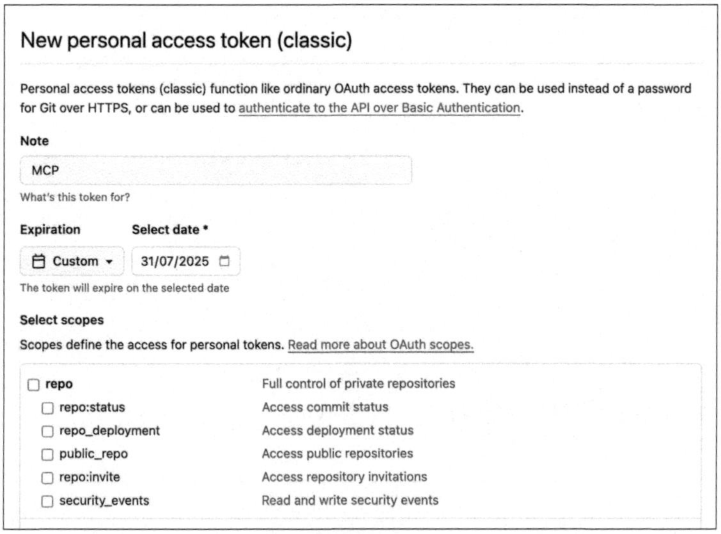

图 7-45

（3）设置令牌的作用域（scopes），并生成令牌。

（4）复制生成的令牌。

在 Claude 桌面应用中，开发者可以通过完成以下配置使用 GitHub MCP 服务器：

```
{
  "mcpServers": {
    "github": {
      "command": "npx",
      "args": [
        "-y",
        "@modelcontextprotocol/server-github"
      ],
      "env": {
        "GITHUB_PERSONAL_ACCESS_TOKEN": "<YOUR_TOKEN>"
```

```
        }
      }
    }
  }
```

如果使用 Docker 容器化本地运行 GitHub MCP 服务器，具体的配置如下：

```
{
  "mcpServers": {
    "github": {
      "command": "docker",
      "args": [
        "run",
        "-i",
        "--rm",
        "-e",
        "GITHUB_PERSONAL_ACCESS_TOKEN",
        "mcp/github"
      ],
      "env": {
        "GITHUB_PERSONAL_ACCESS_TOKEN": "<YOUR_TOKEN>"
      }
    }
  }
}
```

借助这些功能，AI 助手可以显著提高开发团队的生产力，简化常规任务，并促进代码质量的提升。

7.3.2　Slack MCP 服务器

作为现代团队的核心沟通平台，Slack 在远程工作和分布式团队协作中扮演着重要角色。MCP 官方同样发布并维护着 Slack MCP 服务器，使 AI 助手能够直接与 Slack 工作区交互，参与团队讨论、提供信息和协助工作流程。

Slack MCP 服务器提供的工具涵盖了消息接收与读取，频道与用户管理，具体类型如下。

- 消息接收与读取
  - slack_post_message: 向 Slack 频道发送新消息。
  - slack_reply_to_thread: 回复特定消息线程。
  - slack_add_reaction: 向消息添加表情反应。
  - slack_get_channel_history: 获取频道的最近消息。
  - slack_get_thread_replies: 获取消息线程中的所有回复。
- 频道与用户管理

- slack_list_channels: 列出工作区中的公共频道。
- slack_get_users: 获取工作区用户及其基本资料信息。
- slack_get_user_profile: 获取特定用户的详细资料信息。

在开始设置 Slack MCP 服务器之前，首先需要为其创建 Slack 应用。MCP 服务器正是通过与 Slack 应用交互完成必要的操作。创建 Slack 应用的具体步骤如下：

（1）在 sack api 网站单击 Create an App 按钮创建 Slack 应用，如图 7-46 所示。

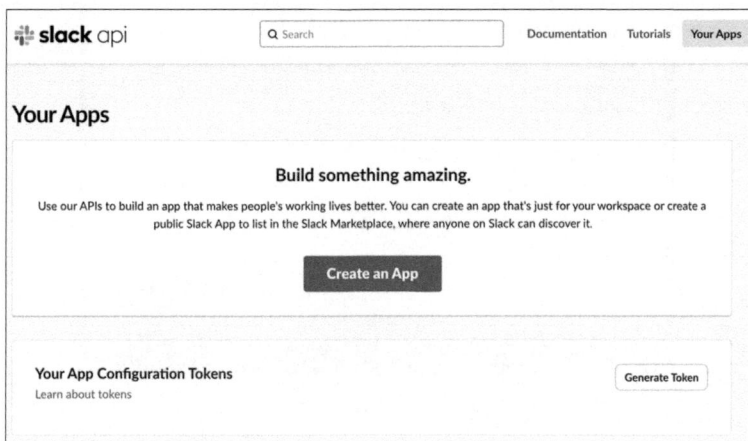

图 7-46

（2）单击 From Scratch 选项从零开始创建应用，如图 7-47 所示。

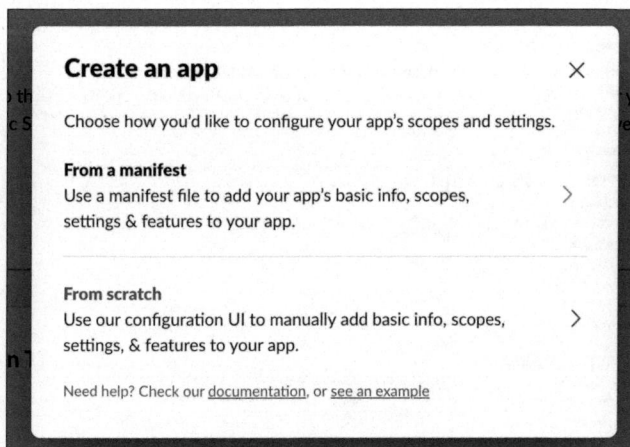

图 7-47

（3）为 Slack 应用命名，并选择应用对应的 Slack 工作区，单击 Create App 按钮创建应用，如图 7-48 所示。

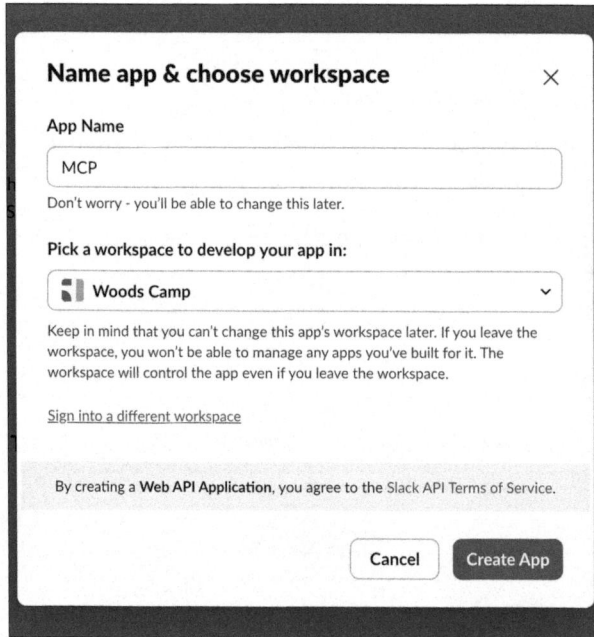

图 7-48

（4）在应用设置页面，单击左侧菜单项 OAuth & Permissions，进入 OAuth 和授权页面，如图 7-49 所示。

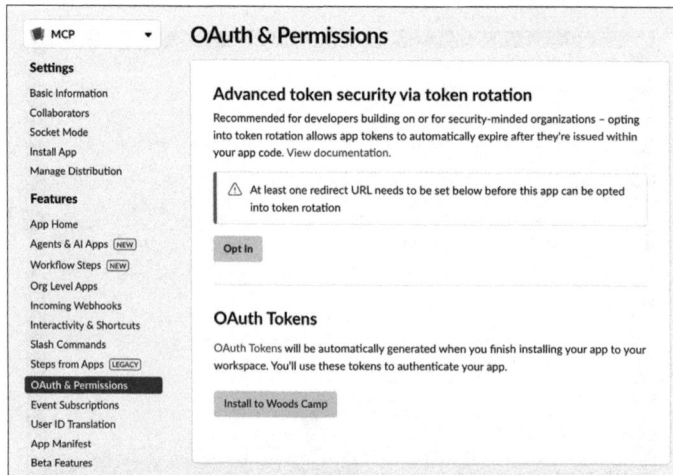

图 7-49

（5）在 Scopes 设置中，添加必要的机器人权限，比如 channels:history、channels:read、chat:write、reactions:write、users:read，如图 7-50 所示。

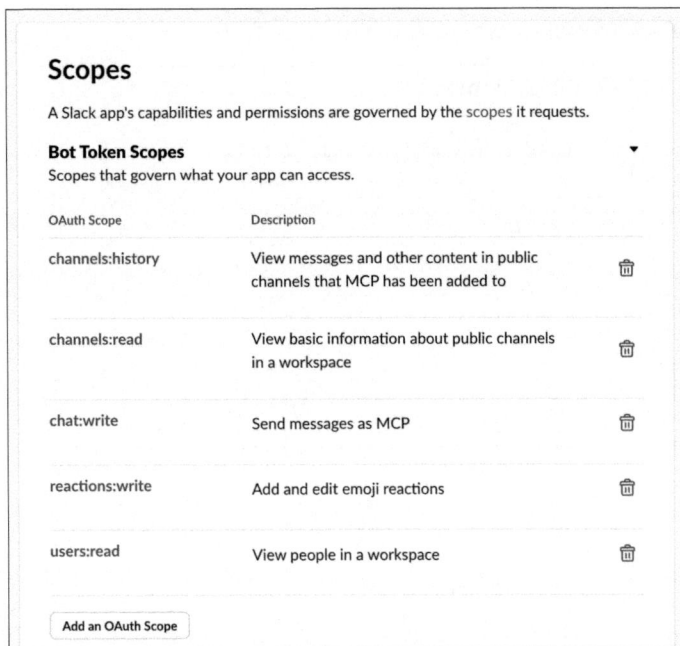

图 7-50

（6）单击 Install to Woods Camp 按钮[①]，将应用安装到期望被 MCP 管理的工作区，如图 7-51 所示。

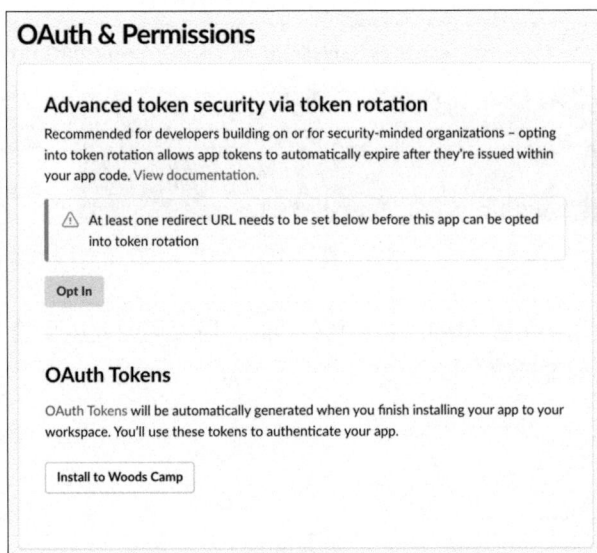

图 7-51

————————
① 这里的按钮名称取决于读者所创建的工作区名称。

（7）保存 Bot User OAuth Token 令牌，如图 7-52 所示。

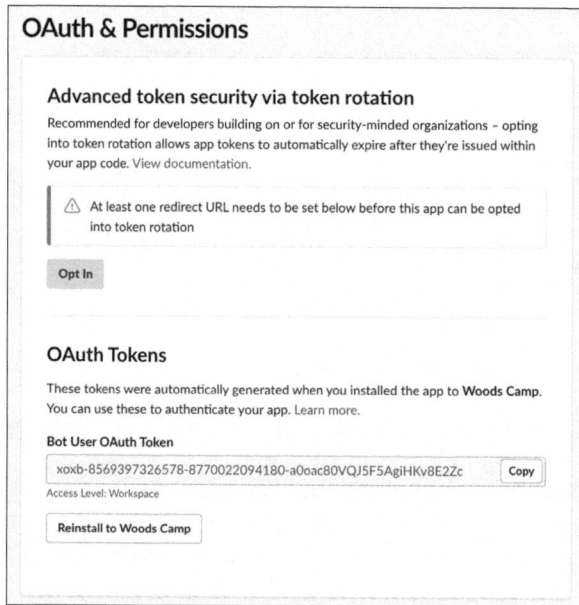

图 7-52

（8）通过浏览器打开 Slack 工作区域名（命名格式为 <工作区名 .slack.com>），待浏览器完成跳转后，从浏览器地址栏中提取 T 开头的 Slack Team ID，如图 7-53 所示。

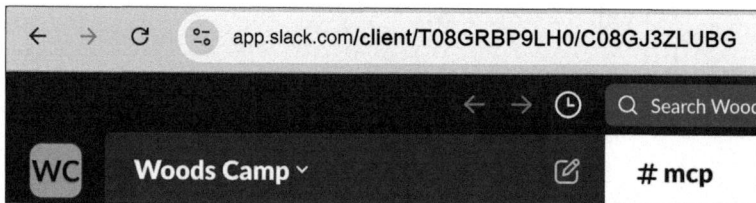

图 7-53

在 Claude 桌面应用中配置 Slack MCP 服务器时，需要用到上述步骤中创建的令牌和 Slack Team ID。请参考如下配置示例：

```
{
  "mcpServers": {
    "slack": {
      "command": "npx",
      "args": [
        "-y",
        "@modelcontextprotocol/server-slack"
      ],
```

```
      "env": {
        "SLACK_BOT_TOKEN": "xoxb-personal-bot-token",
        "SLACK_TEAM_ID": "T999999"
      }
    }
  }
}
```

如果以 Docker 容器化的方式运行 MCP 服务器，请参考如下配置示例：

```
{
  "mcpServers": {
    "slack": {
      "command": "docker",
      "args": [
        "run",
        "-i",
        "--rm",
        "-e",
        "SLACK_BOT_TOKEN",
        "-e",
        "SLACK_TEAM_ID",
        "mcp/slack"
      ],
      "env": {
        "SLACK_BOT_TOKEN": "xoxb-personal-bot-token",
        "SLACK_TEAM_ID": "T9999999"
      }
    }
  }
}
```

通过 Slack MCP 服务器，AI 助手可以被无缝集成到开发团队的日常工作流程中提供支持和信息，既能回答简单问题，又能参与复杂的团队协作过程。

GitHub 和 Slack MCP 服务器共同为开发团队提供了强大的工具支持，使 AI 助手能够深度参与软件开发和团队协作的各个环节。这些工具不仅提高了团队效率，还优化了沟通流程，使开发者能够专注于更具创造性和思考性的工作。随着 MCP 生态系统的不断发展，我们可以期待看到更多专业开发工具的集成，为不同规模和类型的开发团队提供定制化的 AI 辅助解决方案。

7.4 MCP 广场

随着 MCP 生态系统的不断壮大，各类 MCP 服务器实现层出不穷，开发者在寻找和选择适合自己需求的 MCP 服务器时可能会面临挑战。为解决这一问题，多个专注于 MCP 生态的聚合平台应运而生，它们为用户提供了便捷的服务器发现、比较和集成渠道，这些平台通常被称为"MCP 广场"。

本节介绍 3 个主要的 MCP 广场——Smithery、MCP.so 和 Glama。它们各具特色，为 MCP 生态系统的发展和普及做出了重要贡献。通过这些平台，开发者可以更加高效地发现、选择并集成适合特定需求的 MCP 服务器，从而充分发挥 AI 助手的潜力。

7.4.1　Smithery

如图 7-54 所示，Smithery 是一个专注于提供高质量 MCP 工具的平台，致力于构建强大且用户友好的 MCP 服务器集合。作为早期的 MCP 广场之一，Smithery 不仅提供服务器发现功能，还为开发者提供了完整的工具链，帮助他们更好地构建和管理自己的 MCP 服务器。

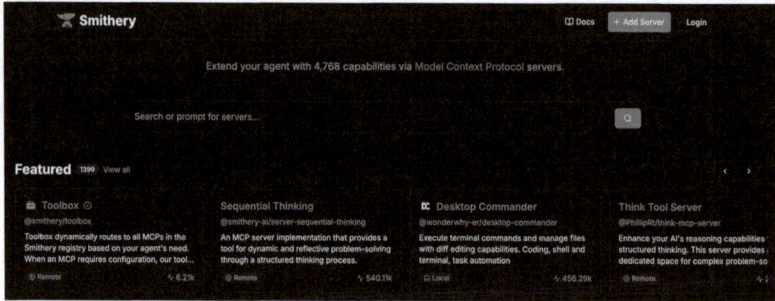

图 7-54

Smithery 平台具有以下几个突出特点。

• 精选工具目录。Smithery 提供了经过严格审核的 MCP 服务器目录，涵盖数千种不同的功能。截至 2025 年初，平台已收录超过 4000 个 MCP 服务器，涵盖网页搜索、浏览器自动化、数据库访问、设计工具等多个类别。

• Smithery CLI。平台提供了专用的命令行界面工具（Command Line Interface，CLI），极大地简化了 MCP 服务器的安装、配置和管理过程。通过 Smithery CLI，用户可以方便地安装和运行各种 MCP 服务器，无须手动处理复杂的依赖关系和配置细节。这个工具特别适合与 Cursor 等集成开发环境配合使用，为开发者提供无缝的 MCP 服务器集成体验。

• 多种部署选项。根据服务器的性质，Smithery 支持本地部署和远程部署两种模式，能够满足不同场景下的使用需求。

• 标准化接口。平台为所有 MCP 服务器提供了统一的接口和配置方式，降低了集成难度，提高了用户体验。

• 社区驱动。Smithery 鼓励开发者贡献自己的 MCP 服务器实现，不断丰富平台的工具生态，形成了活跃的开发者社区。

Smithery 适用于多种场景，包括但不限于以下几种。

• 辅助开发者寻找特定能力的 MCP 服务器：通过分类浏览或搜索功能，快速找到满足特定需求的服务器。

• 辅助开发者构建自定义 AI 助手：开发者利用 Smithery 提供的多种工具，为企业内部用户构建功能丰富的 AI 助手。

• MCP 服务器开发者发布和分享自己的作品：开发者将自己开发的 MCP 服务器发布到 Smithery 平台，获得更广泛的用户群体。

作为一个中心化的 MCP 服务器发现平台，Smithery 通过提供标准化的接口和丰富的工具选择，大大降低了开发者使用 MCP 技术的门槛，加速了 MCP 生态系统的发展和普及。

7.4.2　MCP.so

如图 7-55 所示，MCP.so 也是一个重要的 MCP 广场，它以社区驱动为核心理念，汇集和组织第三方 MCP 服务器资源。与 Smithery 的商业化运营模式不同，MCP.so 更加注重开放性和社区参与，为 MCP 生态系统提供了一个自由交流和分享的平台。

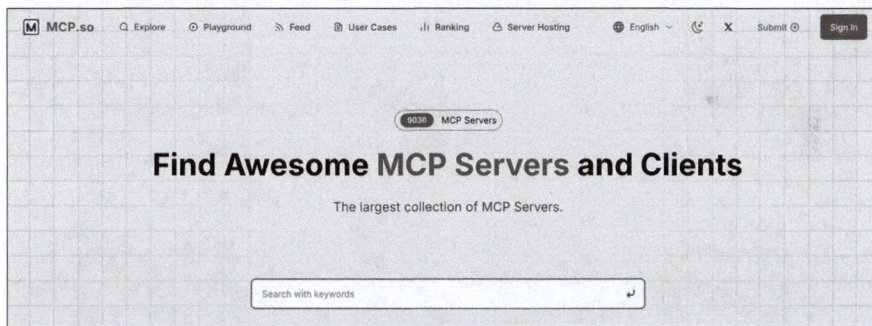

图 7-55

MCP.so 平台提供了结构化的 MCP 服务器目录，使用户能够便捷地发现和了解各种可用的服务器实现，同时严格遵循 MCP 规范，确保所有列出的服务器都符合统一标准，从而提高系统间的互操作性。

除了服务器目录和托管功能，MCP.so 还提供了 MCP Playground 在线试用环境，使用户可以直接在网页上体验托管的 MCP 服务器功能，而无须在本地安装和配置。这大大降低了用户尝试使用 MCP 服务器的门槛。

MCP.so 提供了专业的 MCP 服务器托管服务，允许开发者将符合条件的 MCP 服务器直接部署在 MCP.so 平台上，这项服务的准入条件如下。

首先，服务器必须开源且采用商业友好的许可证（如 MIT、Apache 等），确保代码的透明性和可复用性。

其次，出于安全考虑，服务器不能读取本地数据（如文件、本地数据库等）。

最后，服务器需要支持 REST 服务器传输方式，以提高服务的可靠性和并发处理能力。

通过托管服务，MCP.so 简化了 MCP 服务器的部署和访问流程，开发者无须关心基础设施维护和可用性问题，只需按照平台的指南修改自己的 MCP 服务器代码，添加必要的配置文件和 Docker 支持，然后提交审核。经过平台审核通过后，服务器就会出现在 MCP Playground 中，供全球用户使用。

7.4.3　Glama

Glama 是一个提供全方位 AI 工作空间的平台，其中包含专门的 MCP 广场板块。与前两个平台不同，如图 7-56 所示，Glama 不仅提供 MCP 服务器目录，还整合了 MCP 客户端和工具，形成了完整的 MCP 生态体系。

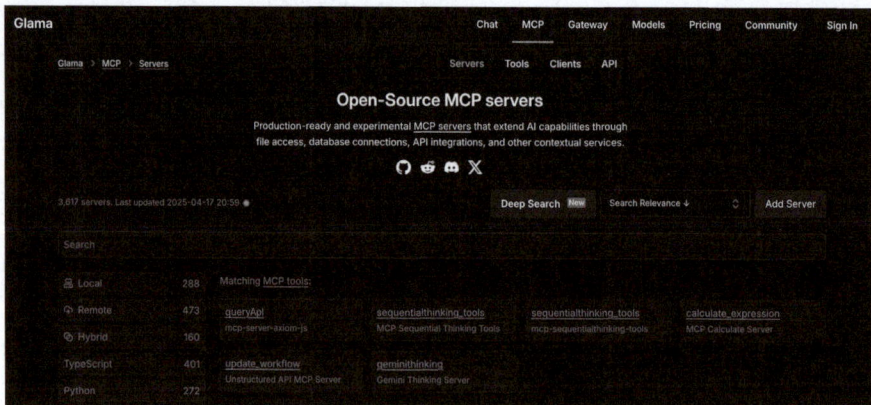

图 7-56

Glama 拥有全面的 MCP 生态覆盖，其提供了 3 个主要板块：

- MCP 服务器目录；
- MCP 工具列表；
- MCP 客户端列表。

Glama 平台提供了每个 MCP 服务器的详细技术信息，包括编程语言、许可证类型、支持的平台等，方便用户做出更加精准的选择。

值得一提的是，Glama 的 MCP 工具板块提供了丰富的工具文档，详细介绍了各种工具的参数、使用方法和返回值。这些工具按功能分类，涵盖了工作流创建、数据处理、内容分析等多个领域，为开发者提供了丰富的选择。

MCP 工具文档采用标准化的格式，包含以下要素：

- 工具名称和功能描述；
- 输入参数详细说明；
- 返回值格式和示例；
- 使用限制和注意事项。

Glama 还收集和展示了各种支持 MCP 的客户端应用，包括桌面应用、网页应用等不同类型。每个客户端都有评分、描述和支持平台信息，帮助用户选择适合自己需求的 MCP 客户端。

7.5　本章小结

本章全面介绍了 MCP 生态系统的构成和各个领域的代表性实现。首先探讨了 MCP 宿主应用，包括聊天应用和编程工具，这些应用作为用户与 AI 助手交互的桥梁，提供了友好的界面和丰富的功能。其次介绍了不同领域的优秀 MCP 服务器实现，包括数据库服务、网页内容获取、设计与创意工具、向量数据库以及开发者工具与服务。最后介绍了 MCP 广场，这些平台为开发者提供了发现、分享和托管 MCP 服务器的便捷渠道。

通过了解这些丰富多样的 MCP 生态系统组件，开发者可以根据自己的需求选择合适的宿主应用和 MCP 服务器，构建功能强大的 AI 辅助解决方案。MCP 生态系统的开放性和模块化设计使不同组件可以灵活组合，满足各种复杂场景的需求。随着越来越多的开发者加入 MCP 生态，我们可以期待看到更多创新的应用和服务，进一步释放 AI 助手的潜力，为用户创造更大的价值。

8 第8章
MCP 应用实践

在前面的章节中，我们已经深入了解了 MCP 的核心概念、工作原理、基本应用及其丰富的生态系统。本章将通过实际场景展示 MCP 如何在各个领域发挥实际作用，为开发者提供具体的实施方案和参考案例。

MCP 技术的应用范围极其广泛，从提升软件开发效率到赋能创意内容生成，从办公自动化到构建垂直领域知识库。这些应用场景不仅展示了 MCP 的技术潜力，更重要的是揭示了它如何解决实际业务问题并创造价值。

本章将以实践应用为导向，为读者提供可操作的权威指南。每个场景都包含背景介绍、实现方案、关键步骤、注意事项以及具体案例，帮助读者快速理解并应用到自己的项目中。

通过本章的学习，读者将能够识别自身业务中适合应用 MCP 的场景，并基于提供的方案进行定制化开发，实现 AI 能力的深度集成和价值最大化。

小提示

本章的案例并不要求读者拥有特定领域的专业知识，但会涉及如何将 MCP 技术与现有工作流程和业务需求结合起来。

8.1 高效软件开发

软件开发是 MCP 技术广泛应用的领域之一。通过将 AI 助手与开发工具和环境深度集成，MCP 可以在编码、测试、调试和部署的各个环节提供智能辅助，显著提升开发效率。新一代的集成开发环境（例如 Cursor、Windsurf）已经全面支持 MCP，这使集成开发环境、大模型与 MCP 工具的融合更加彻底。

8.1.1 Web 应用开发

Web 应用开发涉及前端界面、后端逻辑和数据管理等多个方面，复杂度高且技术更新快。MCP 技术通过整合代码编辑器、版本控制、数据库和设计工具等多种资源，为开发者提供了一个智能、高效的开发环境。

在当今快速发展的技术环境中，Web 应用开发者需要应对持续更新的框架、库和工具。即使是最先进的大型语言模型，也无法实时掌握所有新兴技术的细节，这种知识差距可能导致开发过程中的瓶颈，特别是当开发者需要使用最新的技术栈时，其影响就更为突出。

MCP 通过为 AI 助手提供扩展能力，能够有效解决这一挑战。借助 MCP 服务器，开发者可以利用 AI 工具直接访问外部数据源和服务，从而弥补其知识缺口，实现更高效的开发流程。MCP 工具 在 Web 开发中可以扮演如下角色。

- 代码生成与优化助手：根据需求描述或设计图自动生成符合最佳实践的代码，优化现有代码，提供重构建议。
- 技术顾问：解答技术问题，提供框架选择建议，指导最佳实践和设计模式应用。
- 调试与问题排查专家：帮助分析错误日志，提供问题诊断和解决方案。
- 文档生成器：为代码和 API 自动生成清晰、全面的文档。
- 多工具协调者：在版本控制、数据库管理和 UI 设计等多个工具间无缝切换，提供统一的工作流程。

8.1.1.1 利用 Cursor 和 MCP 工具链优化开发工作流

Cursor 作为一个 AI 增强的代码编辑器，能够帮助开发者快速编写代码。然而，当涉及前沿技术或特定领域的知识时，仅依靠预训练的模型可能不足以提供最佳支持。这时，我们可以通过集成各种 MCP 服务器来增强 Cursor 的能力。

在一个典型的 Web 应用开发场景中，我们可以组合使用多种 MCP 服务器来构建一个强大的开发环境。

1. 技术文档获取与研究

开发中常常需要查阅最新的技术文档。Fetch 和 Firecrawl 这两个 MCP 服务器能够帮助 Cursor 直接获取 Web 上的信息。例如，当需要了解一个新发布的 JavaScript 框架时，开发者可以参考以下方式与 Cursor 交互：

"用工具递归抓取 https://svelte.dev/docs/svelte/overview ，并学习什么是 Svelte 及其使用方法。"

Cursor 会基于开发者提供的链接，使用 Fetch 或 Firecrawl 工具递归地获取相关信息，然后提供准确的回答和代码示例，这比手动搜索并筛选信息要高效得多。更为重要的是，开发者可以指导 Cursor 将抓取的网页内容存储到本地开发环境，从而构建开发知识库，方便 Cursor 重复引用。

Fetch 适合简单的内容抓取，而 Firecrawl 则提供了更高级的功能，如网站爬取、批量处理和搜索。在复杂项目中，Firecrawl 可以帮助 Cursor 深入研究相关技术生态系统，收集各种资源和最佳实践。

2. 数据库集成与管理

现代 Web 应用几乎离不开数据库。Supabase MCP 服务器使 AI 助手能够直接与 Supabase 项目交互，实现执行数据库操作、管理表结构、生成代码类型等功能。如果开发者正在构建一个用户管理系统，可以参考以下方式与 Cursor 交互：

"为这个 Next.js 项目设置 Supabase 数据库访问的环境变量，为用户和权限设计数据库结构，并在 Supabase 中实现它。"

Cursor 会使用 Supabase MCP 服务器来构建数据库连接 URL 并配置对应的环境变量，创建合适的表结构、设置关系、应用迁移，甚至生成 TypeScript 类型定义，大大简化了数据库集成过程。此外，Cursor 还可以将数据库变更以 prisma migration 的形式保存到代码仓库。这不仅节省了时间，还确保了数据库设计符合最佳实践。

3. 从设计到代码的无缝转换

在需要精确还原设计师的创意时，UI 实现常常是开发过程中的一大挑战。作为当今最流行的设计工具之一，Figma 已成为许多设计团队的首选平台，它提供了强大的协作功能和丰富的设计工具，使设计师能够创建复杂而精美的用户界面。

然而，前端工程师在开发过程中往往面临各种困难。一方面，AI 的能力快速提升，但是 UI 设计存在较大的随机性，在多次生成中很难保持风格或主题的一致性；另一方面，将 Figma 设计精确转化为代码也颇有挑战。从像素完美的布局、复杂的交互效果到响应式适配，开发者需要耗费大量时间来理解设计意图并手动实现每个细节，这个过程不仅耗时，还容易出现误差和不一致。

Figma MCP 服务器为 AI 提供了直接访问 Figma 设计文件的能力，使其能够准确理解设计细节并生成相应代码。当开发者需要实现一个设计好的组件时，只需提供 Figma 链接并参考以下方式与 Cursor 交互：

"请将这个 Figma 链接的设计使用 Tailwind CSS 实现。"

Cursor 会通过 Figma MCP 获取设计数据，包括布局、样式、响应式设计规则等，然后生成准确的 HTML 和 CSS 代码。这种方式不仅提高了设计还原的准确性，还大大缩短了从设计到实现的时间。

4. 代码优化与最佳实践应用

除了生成代码，MCP 还可以辅助优化现有代码，智能地跟进项目中的各种问题、需求等，比如：

- 使用 GitHub MCP 访问代码仓库的 issues；
- 直接通过文件访问获取现有代码；
- 分析代码结构和质量；
- 提供优化建议和具体修改。

Web 应用程序代码的持续优化，是确保软件质量的重要手段。它可能涉及以下方面：

- 性能优化；
- 可访问性改进；
- 代码分割和延迟加载；
- 状态管理优化；
- CSS 优化。

8.1.1.2　整合工作流

下面通过一个实际案例来展示这些 MCP 工具如何协同工作。假设我们需要开发一个创业产品官网，并采用最新的技术栈。

在技术选型阶段我们决定基于 Next.js 来开发该应用。为了快速完成前端页面的开发工作，且兼具设计感，项目采用 UI 库 Tailwind CSS，这也是前端开发中非常流行的开源工具。

此外，我们计划在项目中使用 Shadcn UI 组件库。Shadcn UI 是一个为 React 应用程序专门设计的现代、轻量级 UI 组件库。它为开发者提供了一系列极简但高度可定制的组件，这些组件可以根据特定的设计需求进行调整，同时避免给应用程序增加不必要的负担。另外，Shadcn UI 还提供了预构建的组件，能够与 React 架构实现无缝集成。Shadcn UI 组件采用按需引入的策略，有效控制代码规模，确保应用程序高效，而其主题功能允许开发者在无须大量自定义 CSS 的情况下轻松修改颜色、排版和间距，使其成为构建现代化、无障碍且高性能 React 界面的选择理想。

图 8-1 所示的网页文档介绍了在 Next.js 项目中安装 Shadcn UI 的步骤，特别是针对使用

Tailwind CSS V3 版本的项目。文档中明确指出，安装时需要使用特定版本的 Shadcn UI 组件，以确保与 Tailwind CSS V3 的兼容性。更多详情请参考 Shadcn UI 网站的相关文档。

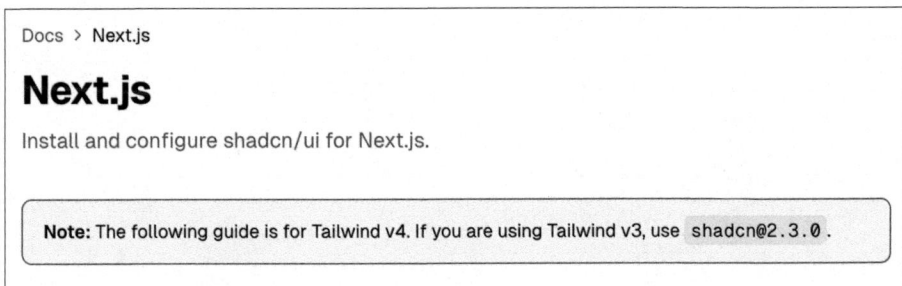

Docs > Next.js

Next.js

Install and configure shadcn/ui for Next.js.

Note: The following guide is for Tailwind v4. If you are using Tailwind v3, use `shadcn@2.3.0`.

图 8-1

我们需要一种方法帮助 AI 掌握这套新知识，例如通过 Fetch 或 Firecrawl 抓取这些 UI 库的文档，并在 Cursor 开发过程中引导 AI 使用工具抓取网页内容，从而理解并完成安装步骤。这种方法能显著扩展 AI 的知识面，更加高效地完成任务。

为了加速项目开发，我们利用 GitHub 上的项目模板（https://github.com/sugarforever/nextjs-boilerplate）创建 Next.js 项目，同时配置 Tailwind CSS　V3、lucide-react UI 库，以及 Prisma 数据库开发工具。

我们将该聊天应用命名为 DevCanvas。在后续的章节中，如无特别声明，DevCanvas 均指代这一创业产品。

对于 UI 设计，我们可以参考 Figma 社区的免费模板，其模板的 UI 效果如图 8-2 所示。

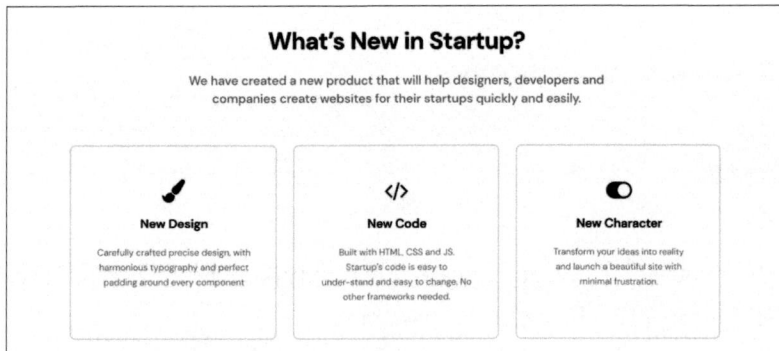

What's New in Startup?

We have created a new product that will help designers, developers and companies create websites for their startups quickly and easily.

New Design

Carefully crafted precise design, with harmonious typography and perfect padding around every component

New Code

Built with HTML, CSS and JS. Startup's code is easy to under-stand and easy to change. No other frameworks needed.

New Character

Transform your ideas into reality and launch a beautiful site with minimal frustration.

图 8-2

在 Cursor 中，按照如下方式配置 MCP 服务器以支持 fetch 和 figma 功能：

```
{
    "mcpServers": {
        "fetch": {
```

```
        "command": "uvx",
        "args": [
            "mcp-server-fetch"
        ]
    },
    "figma-developer-mcp": {
        "command": "npx",
        "args": [
            "-y",
            "figma-developer-mcp",
            "--stdio"
        ],
        "env": {
            "FIGMA_API_KEY": "< 你的有效 Figma API Key>"
        }
    }
}
}
```

在 Cursor 中，我们提出第一个需求，如图 8-3 所示。

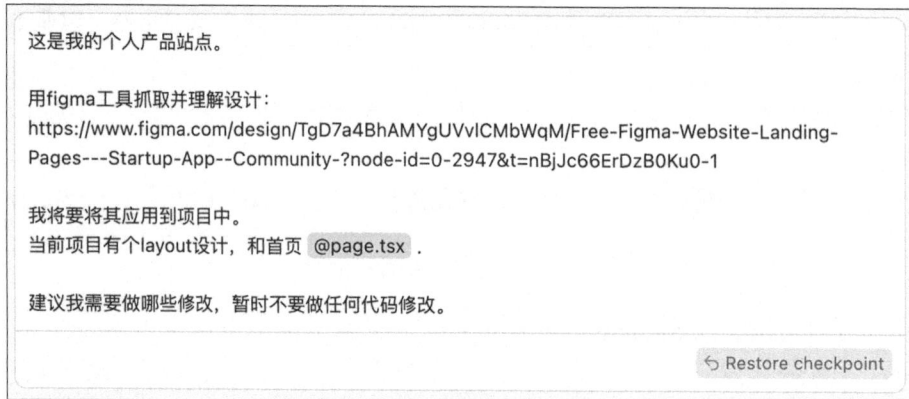

这是我的个人产品站点。

用figma工具抓取并理解设计：
https://www.figma.com/design/TgD7a4BhAMYgUVvICMbWqM/Free-Figma-Website-Landing-
Pages---Startup-App--Community-?node-id=0-2947&t=nBjJc66ErDzB0Ku0-1

我将要将其应用到项目中。
当前项目有个layout设计，和首页 @page.tsx .

建议我需要做哪些修改，暂时不要做任何代码修改。

⤺ Restore checkpoint

图 8-3

Cursor 将调用 Figma 工具 get_figma_data 获取设计详情。如果开发者确认 Cursor 的理解无误，则可以请求 Cursor 完成代码实现，如图 8-4 所示。

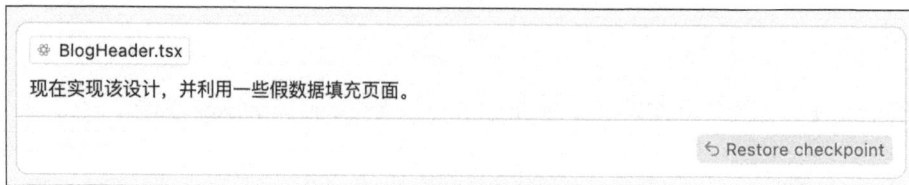

⚙ BlogHeader.tsx
现在实现该设计，并利用一些假数据填充页面。

⤺ Restore checkpoint

图 8-4

借助 Cursor 完成代码修改后，开发者在本地开发环境使用浏览器打开 http://localhost:3000，应该能看到类似图 8-5 所示的 DevCanvas 页面效果。

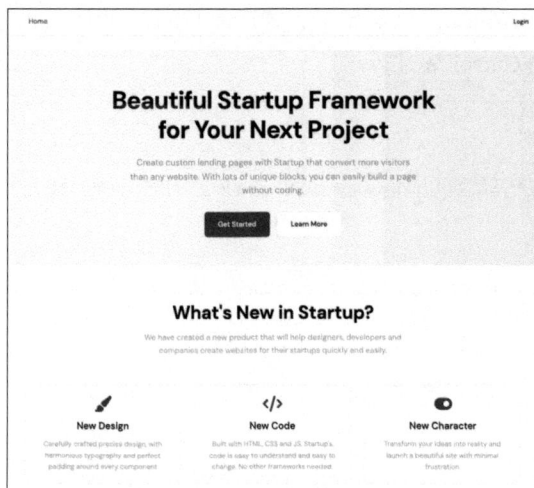

图 8-5

在 DevCanvas 页面代码中，我们可能会发现 UI 使用的仍然 HTML 原生组件，例如按钮、列表等。正如本节开始部分所介绍，开发者可以使用 Shadcn UI 组件库来实现更美观的 UI。

我们向 Cursor 提出图 8-6 所示的需求。

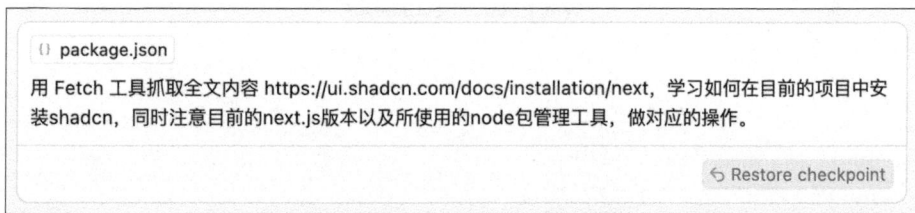

图 8-6

Cursor 能够利用 Fetch 工具抓取网页内容，完成 Shadcn 依赖包的安装并初始化配置。最后，我们再提出需求，将当前页面代码中的按钮都替换为 Shadcn 版本，如图 8-7 所示。

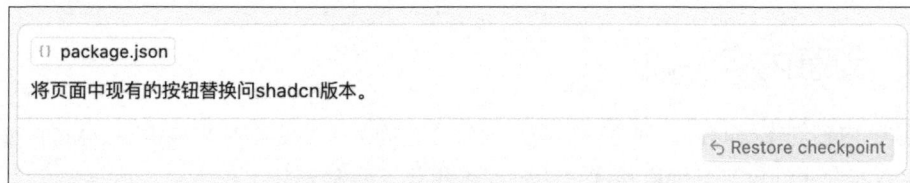

图 8-7

随后，Cursor 将快速为 DevCanvas 页面完成代码替换。

目前 Cursor 生成的只是测试数据，为了将 DevCanvas 产品信息添加到页面中，我们可以以用 MCP Fetch 服务器的工具去抓取网页信息来完善产品页面，而无须手动编辑。同时，我们可以按照图 8-8 所示的方式向 Cursor 表述需求。

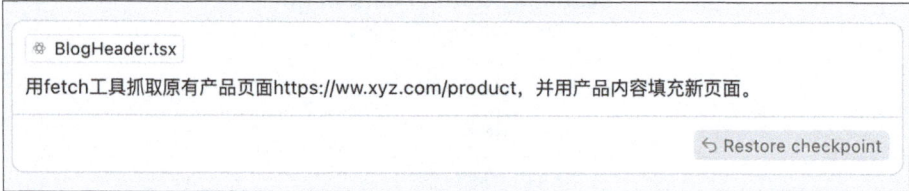

图 8-8

页面代码更新完成后，我们应该能看到类似图 8-9 所示的页面。

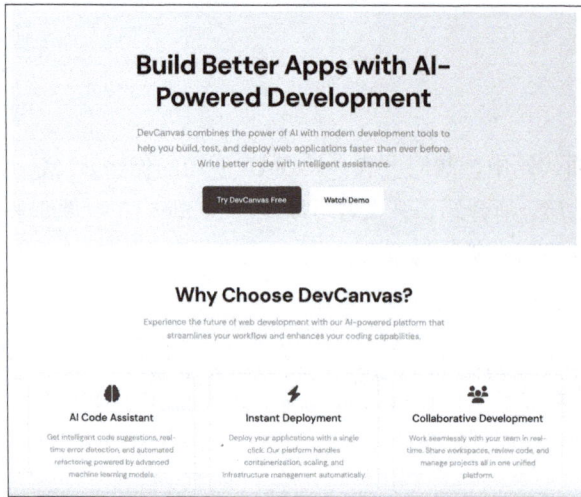

图 8-9

在 MCP 工具的帮助下，我们仅仅借助 Cursor 就完成了基于 Figma 设计的 DevCanvas 全新产品页面开发，再对页面细节进行微调即可上线。

8.2 创意内容生成

在数字内容创作的时代，创意表达与高效生产之间的平衡变得越来越重要。MCP 技术通过将 AI 能力与专业创意工具深度集成，为创作者提供了一种新的工作方式，既保留了人类的创意控制，又利用了 AI 的生成能力和处理效率。

8.2.1　交互式图文处理

图文内容已成为当今数字媒体的核心表达形式，广泛应用于营销材料、社交媒体、教程文档、产品展示等场景。MCP 技术通过将 AI 模型与图像处理和设计工具无缝集成，为创作者提供了一套完整的图文处理解决方案，实现了从文本到图像、图像到文本以及各种混合处理的高效工作流。

8.2.1.1　AI 图文处理的痛点

在数字营销领域，图文内容扮演着至关重要的角色。品牌宣传册、产品广告、活动海报等营销材料需要精心设计的视觉元素来吸引目标受众。社交媒体平台上的内容创作同样离不开图文结合，无论是平台特定格式的图文和短视频封面，还是互动式内容和品牌形象展示，都需要高质量的视觉呈现。

教程文档的制作同样也离不开图文配合。技术文档需要清晰的配图来辅助说明，操作步骤需要直观的图解来引导用户，流程图和示意图能够帮助读者更好地理解复杂概念，而代码示例的截图则能使技术内容更加生动易懂。

产品展示是图文内容的重要应用场景。在官方网站的产品页面、电商平台的商品详情页、产品说明书及技术规格展示中，高质量的图片和精准的文字描述缺一不可。这些内容不仅需要展示产品的功能和特点，还要传递品牌价值和用户体验。

8.2.1.2　AI 图文处理的挑战

随着 AI 的快速发展，文生图模型的能力不断提高，使 AI 在越来越多的生产环境中发挥着重要作用。但是，随着 AI 的普及，在 AI 辅助图片生成领域，创作者也面临诸多挑战。

在这些挑战中，提示词编写能力的不足是一个普遍问题，许多用户难以用文生图模型所能理解的语言准确地描述需求，风格要求和参数控制难以通过文本有效地传递。另外，品牌一致性维护困难，例如多平台内容风格不统一，产品展示标准难以保持，品牌视觉元素的应用不一致。

内容迭代效率低下也是常见问题之一。修改和优化过程烦琐，多版本管理复杂，反馈整合效率低。资源整合同样面临挑战，例如产品信息分散、素材管理混乱、多工具切换耗时等。这些痛点严重影响了内容创作的效率和质量。

MCP 技术为解决这些问题提供了新的思路。通过智能提示词优化，创作者可以利用大模型理解产品需求，自动生成专业提示词，实现参数优化、风格控制，以及品牌视觉元素的集中管理与自动化应用。

通过使用支持 MCP 的客户端，用户不再需要频繁切换工具，在一个应用中即可完成文字处理、图片处理、页面生成等任务，生产效率得到极大提升。高效的迭代流程使内容创作更加流畅。快速生成多版本内容，智能分析反馈，自动优化和调整，大大提升了工作效率。资源整合与自动化则解决了信息分散和素材管理的问题，实现了产品信息的统一管理和素材的自动分类存储。

8.2.1.3 实战案例：智能语音记录助手展示图生成

这里通过一个具体案例来展示 MCP 在实际应用中的价值。某科技公司需要为其创业项目"MindXYZ"生成产品展示页面，包括产品介绍与展示图。

作为一个创业项目，公司已经对其有了明确的定位，具体描述如下：

MindXYZ 是一款基于 AI 的智能语音记录应用，致力于帮助用户高效捕捉灵感、管理待办事项、记录重要信息，并通过大模型的智能整理功能，使碎片化信息变得清晰、有条理。无论是突如其来的灵感、琐碎的待办事项，还是复杂的人际关系网络，MindXYZ 都能将其结构化存储，并在合适的时机智能提醒，使用户的生活和工作更加有序。

1. 配置 MCP 服务器

在本例中，我们将利用 Claude 桌面应用实现图文处理功能，所有支持 MCP 的客户端均可执行相同任务，比如 Cursor、Windsurf 等。

为了完成产品展示页面的图文信息处理，我们需要配置两个 MCP 服务器——DeepSeek 和 EverArt。这两个服务器分别负责文案生成和图片生成，共同构成完整的内容创作解决方案。

DeepSeek 作为业界领先的大模型，具备强大的推理能力，特别适合处理中文文本。在本例中，我们选择由 DeepSeek 辅助完成文字内容的生成。

EverArt 是一款 AI 工具（如图 8-10 所示），为用户提供训练强大的 AI 图像模型的功能，以打造个性化的视觉形象。借助 EverArt，用户可以轻松上传图像来训练任何模型，将自己的独特风格转化为无尽的创意。开发者也可以调用 EverArt API，利用已有模型生成符合特定需求的图片。

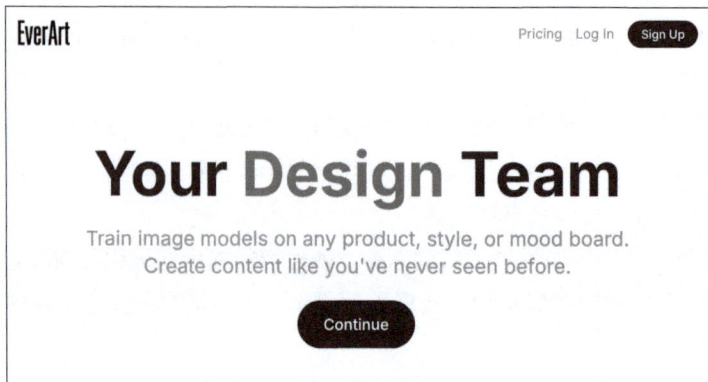

图 8-10

首先配置 DeepSeek MCP 服务器，该服务器支持在所有 MCP 客户端调用 DeepSeek 模型，用于生成高质量的产品文案。我们打开 Claude 桌面应用的 MCP 配置文件 claude_desktop_config.json，添加 Everart 和 DeepSeek 的 MCP 服务器配置：

```json
{
    "mcpServers": {
        "everart": {
            "command": "npx",
            "args": [
                "-y",
                "@modelcontextprotocol/server-everart"
            ],
            "env": {
                "EVERART_API_KEY": "< 你的有效 Everart API Key>"
            }
        },
        "deepseek": {
            "command": "npx",
            "args": [
                "-y",
                "deepseek-mcp-server"
            ],
            "env": {
                "DEEPSEEK_API_KEY": "< 你的有效 DeepSeek API Key>"
            }
        }
    }
}
```

配置完成后，重启 Claude Desktop 应用，系统会自动加载这些 MCP 服务器，为后续的文案生成和图片生成做好准备。

2. 文案生成

文案生成是产品展示页面的核心环节。通过 DeepSeek MCP 服务器，我们可以在 Claude 桌面应用中与 DeepSeek 进行对话，生成高质量的产品介绍文案。

首先，我们需要向 Claude 提出需求，如图 8-11 所示。

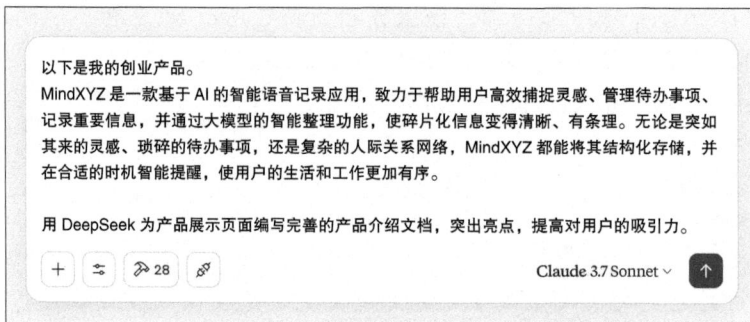

图 8-11

Claude 桌面应用会基于这些信息，调用 DeepSeek 大模型，生成专业的产品介绍文案，如图 8-12 所示。

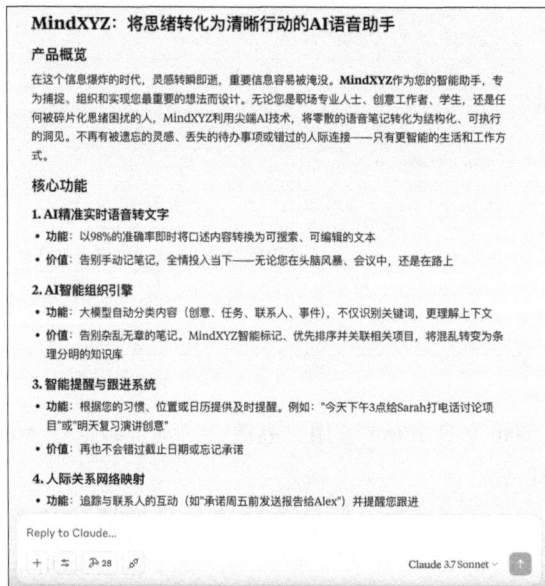

图 8-12

在实际应用场景中，我们通常需要对 AI 生成的文案进行进一步调整。通过与 Claude 持续对话，可以对生成的文案进行多轮优化，确保内容既专业又富有感染力，从而有效吸引目标用户。

3. 图片生成

图片生成是产品展示页面的视觉呈现环节。通过 EverArt MCP 服务器，我们可以根据文案内容自动生成配套的视觉元素。

EverArt MCP 服务器生成的图片会自动在浏览器中打开并预览，并显示出详细的生成信息，包括使用的模型、提示词和图片 URL。我们可以根据预览效果进行多轮调整，直到获得满意的结果。

EverArt MCP 服务器支持多种模型选项，用户可以根据具体需求选择合适的模型：

- FLUX1.1（标准版）；
- FLUX1.1-ultra（增强版）；
- SD3.5；
- Recraft-Real；
- Recraft-Vector。

在图片生成阶段，我们需要为 EverArt 提供详细的提示词，确保生成的产品页插图能够准确传达产品理念。提示词通常会包含以下要素：

- 产品使用场景；
- 视觉风格要求；
- 关键元素描述；
- 情感氛围营造。

例如，我们可以使用提示词生成产品主图，相关的提示词如下：

"现代简约风格的智能语音记录应用界面，展示在智能手机上，界面清晰简洁，突出语音输入和智能整理功能，整体色调以蓝色为主，体现科技感和专业性，背景采用柔和的渐变效果，营造舒适的使用体验。"

在 MCP 的支持下，我们无须手动编写 EverArt 提示词。我们可以在 Claude 桌面应用中直接提出如下的图片生成需求，看看它是否能自动生成符合需求的插图：

"MindXYZ 是一款基于 AI 的智能语音记录应用，致力于帮助用户高效捕捉灵感、管理待办事项、记录重要信息，并通过大模型的智能整理功能，使碎片化信息变得清晰、有条理。无论是突如其来的灵感、琐碎的待办事项，还是复杂的人际关系网络，MindXYZ 都能将其结构化存储，并在合适的时机智能提醒，使用户的生活和工作更加有序。

以上是我的产品介绍，用 Flux 1.1 模型为它生成一款优质的插图。用 EverArt 生成图片时，提供模型 ID 即可，不需要模型名称。"

Claude 桌面应用基于生成的产品介绍文档，以及图片生成需求，可以推理出一段适合 EverArt 的提示词：

"Professional digital illustration of a sleek mobile app interface for \"MindXYZ\" − anAIvoice recording application. The interface should show voice waveforms transforming into organized text notes, to−do lists, and relationship maps. Include abstractAIvisualization elements, with digital nodes connecting scattered thoughts into structured information. Clean, modern design with a soft blue and purple gradient background. No text or words in the image. Highly detailed, professional product visualization."

Claude 桌面应用最终通过 EverArt 生成图片，并自动返回图片链接，直接在浏览器中打开预览。我们可以根据实际需求进行多次调整并重新生成。本次生成的设计图片效果如图 8-13 所示。

图 8-13

我们还可以对生成的图片做进一步调整。以图 8-13 为例，如果希望弱化手机的具体形态，减少图片中的元素，以极简的风格生成图片，并且使用 Flux 1.1 Ultra 模型，我们可以向 Claude 提出需求：

"图片生成提示词中不需要提及产品名称与产品形态，提示词描绘的场景突出产品功能以及其概念。减少图片中的元素。用 Flux 1.1 Ultra 生成图片。"

调整后的图片如图 8-14 所示。

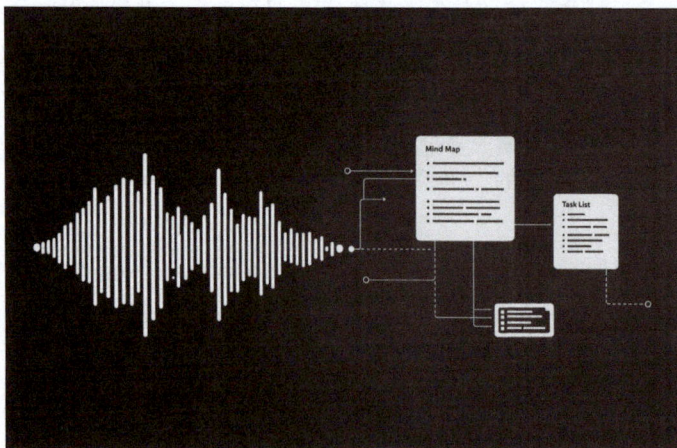

图 8-14

通过 DeepSeek 和 EverArt 的协同工作，我们可以高效地完成产品展示页面的内容创作，确保文案和视觉设计的质量和一致性，为用户呈现专业具有吸引力的产品形象。

我们还可以根据应用场景的需求，集成其他 MCP 服务器，完成更多任务。如果产品信息已经以网页的形式存在于网络，则可以通过 Fetch MCP 服务器，基于网页链接抓取产品信息，再进行后续处理工作。如果产品信息以 Notion 页的形式存在，则可以使用 Notion MCP 服务器进行处理。

这种自动化处理工作流不仅能显著提升内容生产效率，还能在保证质量的同时提供创意空间。MCP 技术在这个过程中不仅是执行工具，更是创意伙伴，能够提供灵感、技术支持和效率优化。

8.3　本章小结

本章通过实际案例展示了 MCP 技术的跨领域应用价值。从高效软件开发到创意内容生成，MCP 通过将 AI 能力与专业工具深度集成，为开发者提供了全新的工作方式。

在软件开发领域，我们看到了 MCP 如何通过整合各种工具（如 Fetch、Figma、Supabase 等）来优化开发流程，提高开发效率。通过实际案例 DevCanvas 的开发过程，我们展示了 MCP 如何帮助开发者快速实现从设计到代码的转换，以及如何利用模块化 MCP 服务器来扩展开发能力。

在创意内容生成领域，我们利用 MCP 有效解决了 AI 图文处理中的痛点，并通过 MindXYZ 的案例展示了如何利用 DeepSeek 和 EverArt 等 MCP 服务器来高效生成高质量的产品展示内容。这些案例不仅验证了 MCP 的技术能力，更体现了其在真实业务场景中的价值创造能力。

后记

MCP 技术的诞生，宣告着 AI 与人类协作的新时代开启。它绝不仅仅是一个技术框架，更代表着一种全新的工作范式，一种将互联网时代既有成果与 AI 能力无缝对接、深度融合的先进方法论。

目前，MCP 技术正处于高速发展的黄金阶段，展现出广阔的发展前景。在工具集成方面，其凭借更智能的上下文理解能力，使不同工具间的交互顺畅自然，极大地提升了开发体验，使开发者能够从烦琐的细节中解放出来，专注于创造性工作。

专业领域的拓展同样是 MCP 技术未来发展的重要方向。医疗、金融、教育等众多专业领域都将迎来 MCP 技术的深度渗透，获得量身定制的 AI 增强解决方案。这不仅会引发技术层面的革新，更将重塑这些领域的传统工作模式，带来全方位的变革。

此外，团队协作能力的飞跃式提升也是 MCP 技术发展的重要方向之一。未来的 MCP 技术将支持更复杂的协作场景，实现多人实时协作、完善的版本控制及高效的知识共享，从而打破时空限制，使团队合作更加高效、便捷。

作为开发者，我们正站在技术变革的前沿。MCP 为我们打造了一个强大的生态体系，让我们能够以前所未有的方式充分利用 AI 的强大能力，解决复杂问题，创造更大的价值。

让我们以开放的心态积极拥抱这场变革，深入挖掘 MCP 的巨大潜力，携手共进，全力推动 AI 技术迈向新的高度！愿每一位开发者都能在 MCP 的广阔天地中，探寻到独特的创新之路，绽放属于自己的光芒。